기술은
어떻게
사업화
되는가

더 쉽고, 더 강력한 기술사업화의 정석

기술은 어떻게 사업화 되는가

초판 3쇄 발행일 2022년 8월 25일
초판 1쇄 발행일 2019년 12월 5일

지은이 김 욱
펴낸이 이원중

펴낸곳 지성사 | **출판등록일** 1993년 12월 9일 **등록번호** 제10-916호
주소 (03458) 서울시 은평구 진흥로 68, 2층
전화 (02) 335-5494 | **팩스** (02) 335-5496
홈페이지 www.jisungsa.co.kr | **이메일** jisungsa@hanmail.net

ⓒ 김욱, 2019

ISBN 978-89-7889-428-9 (03500)

「이 도서의 국립중앙도서관 출판예정도서목록(CIP)은 서지정보유통지원시스템 홈페이지(http://seoji.nl.go.
kr)와 자료공동목록시스템(http:// www.nl.go.kr/kolisnet)에서 이용하실 수 있습니다.
(CIP제어번호: CIP2019047181)」

잠시 중국 이야기를 해보자.

'세계의 공장'이라는 중국은 막대한 자금력을 바탕으로 전 세계의 우량 기업을 무차별적으로 인수합병M&A하고 있다. 인수합병은 시진핑習近平 주석의 경제권 구상인 '일대일로─帶─路'의 일환이다. '연구개발보다 인수합병이 더 효과적'이라는 그의 말은 실제로 설득력을 얻고 있다. 연구개발은 이미 시장에 진입한 기업과 경쟁해야 하지만, 인수합병은 경쟁사를 제거하면서 그 기업에 소속된 지식재산권IP을 몽땅 취득할 수 있기 때문이다. 존 록펠러John D. Rockefeller의 말대로 '경쟁은 죄악'인 것이다!

이스라엘 이야기도 조금 해보자.

이스라엘의 수도 예루살렘에는 전 세계 글로벌기업 R&D센터가 350개나 있다. 왜 기름 한 방울 나지 않고 사막만 있는 척박한 땅, 항상 전운이 감도는 이 위험한 땅에 세계의 R&D센터가 모여 있을까? 이스라엘은 세계 최고의 스타트업Start-up 국가이다. 인구는 고작 850만에 불과하지만 벤처창업 세계 1위, 나스닥 상장기업 수는 미국, 중국에 이어 세계 3위다. 1년에 약 700개의 벤처기업이 생겨나고 있으며, 활동 중인 벤처기업 수만 해도 7,000개가 넘는다.

최근 글로벌 기업들은 직접적인 연구개발보다는 전도유망한 벤처기업을 인수한 뒤 자신들의 사업 아이템을 발판으로 신사업에 진출하는 방식을 택한다. 이게 돈도 적게 들고 훨씬 편한 까닭이다. 합병한 회사는 R&D센터로 활용하면서 이곳을 거점으로 또 다른 이스라엘의 우량 벤처기업을 인수하기 위해 치열하게 경쟁한다.

지금 이야기한 연구개발, 인수합병, 비즈니스 모델 발굴 등으로 사업 아이템을 만들어 내는 것 모두 기술사업화의 한 예이다.

이제 기술사업화는 지금껏 흘러온 것과는 완전히 다른 방향으로 진행되고 있다. 전통적인 연구개발 방식의 기술사업화는 역사의 뒤안길로 사라지고 있고 비즈니스 모델 확보를 통한 기술사업화가 그 어느 때보다 강조되고 있다. 비즈니스 모델을 남보다 빨리 구축하고 적절하게 대응한 기업은 살아남겠지만 그렇지 않은 기업은 도태될 것이다. 우리는 노키아, 코닥 등의 사례에서 이런 일이 실제로 발생하고 있음을 직접 보았다.

그렇다면 앞으로 무엇을 해야 하는가?

이 책은 기술사업화에 상대적으로 뒤처진 우리나라의 현 상황과 왜 글로벌시장을 상대로 기술사업화를 해야 하는지에 대해 이야기할 것이다. 또 치열한 기술전쟁이 벌어지고 있는 가운데서 우리가 왜 하루빨리 세계 초일류 기술을 개발하고 그 기술을 국제표준으로 만들어내야 하는지에 대해서도 설명할 것이다.

기술사업화는 전문 영역에 속하는 분야이다. 하지만 그 원리를 알고 약간의(?) 경험만 쌓을 수 있다면 그다지 어려울 게 없는 분야이기도 하다. 그런데도 아직까지 많은 사람들이 기술사업화에 대해서는 어렵다는 인식을 갖고 있다. 바로 이 점이 이 책을 쓰게 된 결정적 이유이다.

이 책의 지향점은 다음과 같다.

누구나 흥미를 가지고 쉽게 읽을 수 있는 기술사업화의 길잡이!

필자는 오랜 기간 기술이전 전담조직TLO에서 일하며 느꼈던 실무자로서의 경험과 생각, 노하우 등을 현장감 있게 책에 담기 위해 노력하였다. 또한 최대한 재미있고 알기 쉽게 설명하려고 하였다. 이 책이 동료나 후배, 앞으로 기술사업화를 할 분들에게 도움이 될 것이라고 굳게 믿는다.

이 책은 다음의 독자를 위해 썼다.

1. 무엇을 우리 회사의 성장 동력으로 삼을 것인지 고민하는 기업인
2. 불철주야 연구개발에 열심인 과학자
3. 기술사업화를 위해 노력하는 대학, 연구기관의 TLO 인력
4. 기술경영을 전공하는 학생(향후 진로를 이 방향으로 정할!)
5. 연구소기업을 포함하여 창업을 준비 중인 예비 창업자
6. 지식재산권 관련 분야에서 일하고자 하는 청년 취업 준비생
7. 유관기관 직원 및 발명 관련 동아리 회원
8. 발명, 창업, 기술사업화, 연구소기업에 관심 있는 일반인

또한 이 책은 크게 6개의 장으로 구성했다. 기술사업화가 이루어지는 일련의 과정을 제대로 알 수 있도록 기술사업화의 순서대로 단원을 배열

했다. 그리고 장별로 실무자로서의 견해를 빠짐없이 제시하였다.

다음은 각 장의 주요 내용이다.

> 제1장 기술사업화 개요
> 제2장 기술사업화의 전제가 되는 지식재산권IP의 확보
> 제3장 기술사업화에 꼭 필요한 절차인 기술마케팅'
> 제4장 기술이전 계약절차 핵심 실무
> 제5장 기술이전 후 취해야 할 후속 조치
> 제6장 창업 실제 사례(연구소기업을 중심으로)

책이 나오기까지 많은 분들의 도움을 받았다. 그분들의 존함을 일일이 나열하기는 외람되다고 생각하여 언급하지는 않겠다. 다만 한국특허전략개발원에서 파견 나와 3년간 생사고락을 함께했던 이명희 지식재산전문위원께 너무나 감사하다는 말을 전하고 싶다.

겁도 없이 원고를 내밀었을 때 따뜻하게 받아준 도서출판 지성사 식구들에게도 감사의 마음을 전한다.

대한민국 정중앙 대전 대덕연구단지 연구실에서
김 욱

차례

제1장

기술사업화란 무엇인가?

제2장

지식재산권은 어떻게 확보하는가?

제3장

기술마케팅은 어떻게 수행하는가?

- 이 책은 기술사업화 교과서가 아니므로 관련한 내용을 전부 다루지는 않았다. 가령 '기술금융'이나 '사업화 모델 구축에 필요한 기술적인 내용' 등은 제외했다.
- '기술이전', '기술사업화', '기술마케팅'이란 용어가 혼재되어 있다. 특히 '기술이전'과 '기술사업화'는 상황에 따라 적절히 혼용하였다.
- 똑같은 업무라도 기관(혹은 대학)마다 쓰는 용어가 다를 수 있고 추진 방식이 다를 수 있다. 이 경우 각 기관의 차이를 비교해서 읽는 것도 좋은 방법이다.
- 기술이전과 관련해서는 '특허'를 중심으로 설명하였다. 기술이전의 대상물 가운데 가장 대표적인 것이 '특허'이기 때문이다.
- '기관'이라 함은 '기업', '연구소(연구원은 연구자와 혼동됨)', '대학'을 아우르는 말이다. 적절히 문맥에 맞게 이해하며 읽어 나가면 좋을 것이다.

제1장

기술사업화란
무엇인가?

기술사업화의 출발, 그리고 기술이전
- 기술이전의 의의

"기술사업화란 무엇인가"라는 질문에 "비즈니스 모델을 현실화하는 가장 아름다운 행위"라고 대답한다면, 그 답변자를 끌어안고 뽀뽀 세례를 퍼부어야 할지도 모르겠다. 창업이다 비즈니스 모델이다 M&A다 하면서 기술사업화를 강조하는 사회 분위기 덕에, 최근 대학이나 연구소의 화두는 단연 기술이전이나 기술사업화이다. 정부에서도 그렇고 민간기업에서도 기술이전이나 기술사업화를 무척 강조하고 있다.

실제 얼마 전 한 기업에서 신약 기술을 기술이전하면서 주가가 폭등했다. 대대적인 언론보도로 기업이미지 향상에도 엄청난 효과를 거두었다. 계약금만 무려 560억 원이고, 개발·상업화 단계까지 예정대로 성공할 경우 받을 수 있는 기술료는 무려 1조 4,000억 원에 이른다고 한다.

유한양행이 1조 4,000억 원 규모의 대형 기술이전계약을 체결했다. 유한양행은 얀센 바이오텍과 암치료 신약의 기술수출계약을 체결했다고 밝혔다. 총 계약 규모는 약 1조 4,000억 원(12억 5,500만 달러)으로 반환 의무가 없는 계약금만 560억 원(5,000만 달러)에 이르는 대형 계약이다.

_기사 요약발췌

왜 기술이전이 중요한 것인지를 보여주는 단적인 예이다. 이 기사로 우리는 기술이전이나 기술사업화의 필요성을 잘 알 수 있다.

기술이전을 글자 그대로 해석하자면 다음과 같다.

기술이전 = 기술Technology + 이전Transfer

곧 기술이전이란 '기술을 보유한 자가 기술을 필요로 하는 자에게 제공하는 행위'를 말한다. 제공의 형태는 팔 수도 있고 빌려줄 수도 있다.

그러면 기술을 필요로 하는 자는 누구일까? 바로 기술을 활용해 제품을 만들고 이익을 창출하고자 하는 자이다. 통상적으로 매출(제품 생산으로)을 통해 이익을 추구하는 기업이라고 할 수 있겠다. 물론 기업이 아닌 경우도 있지만 대부분 기업이라고 보면 된다.

기업의 존재 목적은 이윤추구이다. 기술로 제품화를 하고, 매출을 극대화하고자 기술을 필요로 한다. 판매하려는 재화나 용역에 대한 기술을 기업에서 모두 보유하고 있으면 좋겠지만 현실은 그렇지가 않다. 본인들이 보유하고 있지 않은 기술은 보유하고 있는 자에게 사오든지 빌려와야 한다.

설사 관련 기술을 보유하고 있다고 하더라도 더 좋은 기술이 나타났을 경우를 가정해보라. 아마도 기업은 더 좋은 기술을 가진 자에게 기술을 사오려고 할 것이고 그 기술을 바탕으로 제품을 생산하여 매출을 올리려고 할 것이다.

기술을 제공한 자는 무엇을 얻을까? 기술을 산 자는 기술을 제공한 자에게 그에 대한 대가를 지급하게 되며, 이를 '기술료'라고 부른다. 이처럼 기술이전이란 기술을 보유하고 있는 자와 기술을 필요로 하는 자 양자 간에 이해관계가 맞아떨어지면서 발생하는 일종의 거래행위인 셈이다.

이것이 핵심이다 !

✸ 기술이전은 기술을 보유한 자와 기술을 필요로 하는 자와의 거래행위이다.

기술거래의 작동원리는 무엇인가?
- 기술이전 메커니즘의 이해

    기술을 보유하기만 하고 활용하지 못한다면 어떨까? 기술보유자 입장에서 그 기술은 아무런 도움이 되지 못한다. 게다가 시간이 지나 더 발전된 기술이 나타난다면 그조차 쓸모가 없어진다. 이럴 바에는 차라리 본인이 보유한 기술을 활용해 기업을 차리면 된다(이것이 '창업'이다). 이것도 아니면 기술을 팔거나 빌려주면 된다(이것이 '기술이전'이다). 이런 방식을 통해 기술의 효용을 극대화할 필요가 있다.

    결국 기술이전이란 '현 시점에서 기술의 효용을 극대화하기 위한 노력'이다. 곧 기술을 필요로 하는 사람과 기술을 가진 사람이 '기술의 가치 증대'를 위해 서로 협력하는 과정이다.

    사실 기술이전을 성공시키기 위해서는 정말 큰 노력이 필요하다. 기술이전은 기술 도입자와 제공자 간에 서로 밀고 당기는 협상을 통해 계약

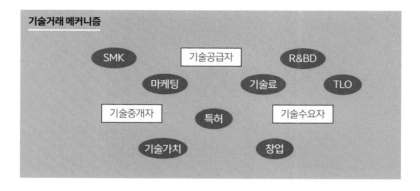

기술거래 메커니즘

SMK　　기술공급자　　R&BD

마케팅　　기술료　　TLO

기술중개자　　특허　　기술수요자

기술가치　　창업

이 이루어진다. 여기서 기술거래의 작동원리를 잘 알 수 있다.

　필자는 오래전부터 이것을 '기술이전 메커니즘'이라고 부르고 있다. 주변 사람들이 기술이전에 관해 물으면 항상 '메커니즘'을 잘 보라고 한다. 기술이전 메커니즘을 잘 이해하면 기술이전협상이나 계약서 작성, 기술이전 절차와 같은 세부 개념은 자연스레 이해되기 마련이다.

　상대방이 무슨 행위를 할 때 항상 이런 생각을 해보자.

　'왜 이런 질문을 할까?'

　'이 사람이 나한테 원하는 게 뭘까?'

　'이 사람의 입장이라면 어떨까?'

　위의 질문들은 굳이 기술이전을 들먹이지 않더라도 사회생활에서(특히 거래관계에서) 공통으로 적용될 수 있는 문제이다. 기술이전이란 양 당사자(기술을 가진 자와 필요로 하는 자)의 이해관계가 맞아떨어져 결과로 이어지며, 이 과정에서 수많은 상호작용이 일어난다. 이러한 기술이전 메커니즘을 잘 이해한 자가 기술이전 전문가라고 할 수 있다.

일반적으로 기술이전은 다음과 같이 정의한다.

> 연구개발로 취득한 권리 또는 기술을 실시하고자 하는 자에게 이전
> 하거나 실시實施를 허여하는 것

좀 딱딱하지만 의미를 이해하기는 어렵지 않다.

첫째, 기술이 있어야 한다. 기술은 갑자기 머릿속에서 툭 튀어나오기도 하지만 보통 연구개발R&D을 통해 이루어진다.

둘째, 기술을 필요로 하는 자가 있어야

> **기술거래의 필수 3요소**
> ❶ 기술이전의 대상물(일반적으로 특허)
> ❷ 당사자(기술을 팔려는 자와 사려는 자)
> ❸ 실시행위(거래행위)

한다. 여기서 필요에 의해 기술을 가져가는 것을 '매매' 혹은 '실시'라고 부른다. '매매'는 소유권을 이전하는 것을 말하고 '실시'는 사용권을 부여하는 것을 말한다.

셋째, 이를 바탕으로 양자 간에 거래행위를 하여야 한다. 거래행위는 '기술거래계약'에 따라 이루어지는 것이 보통이지만, 인수합병M&A 등 다양한 방법으로 이루어질 수 있다.

여기서 '실시'라는 개념이 중요하다! 통상적으로 쓰는 말이 아니어서 좀 어렵게 느껴질 수도 있는데, '실시'란 '사용하게 하는 것'이라고 이해하면 된다. 사실 '실시'란 단어가 내포하고 있는 의미는 매우 다양하다. 하지만 지금은 이 정도로만 이해해도 충분하다.

> 실시 = 사용하게 하는 것

기술을 이전하거나 실시권을 허여
(허락과 같은 의미)한다는 것은 기술 자체
를 매각하거나, 사용권한을 부여하거

나 하는 등의 다양한 형태로 이루어진다. 이에 대해서는 뒤에서 자세히
설명할 것이다.

이것이 핵심이다 /

⊛ 기술이전은 현재 시점에서 기술의 효용을 극대화하기 위한 노력이다.
⊛ 기술이전 메커니즘을 잘 이해해야 기술이전을 잘할 수 있다.

기술이전계약, 상호 윈 - 윈하는 길
- 기술이전계약의 의미

기술이전의 대략적인 개념에 대해서는 앞에서 살펴보았다.

기술이전이란 기술을 필요로 하는 자에게 기술을 넘겨주는 일련의 과정으로, 기술이전을 위해 당사자 간에 계약을 맺는 것이 기술이전계약이다. 기술이전계약은 기술실시계약이라고도 한다. 기술의 이전행위를 기술을 사용하게 한다는 점에서 '실시'로 볼 수 있기 때문이다.

기술이전계약은 '계약'이라는, 당사자(기술을 보유한 자와 기술을 필요로 하는 자) 간의 법률행위 중 하나이다. 여기에는 민법상의 '사적자치私的自治의 원칙'과 이에서 파생된 '계약자유의 원칙'이 적용된다. 앞으로 '계약자유의 원칙'에 관해 많이 언급할 것이다. 그 이유는 계약에 있어서 민법상 계약자유의 원칙Liberty of Contract이 매우 중요한, 기본이 되는 개념이기 때문이다.

'계약자유의 원칙'이란 당사자 간에 어떠한 계약을 해도 그 자체로서 (형식이든 내용이든) 존중되는 것을 말한다. 계약조건에 대한 합의가 있고 이를 토대로 계약을 체결하면 그것으로 유효하다.

기술이전 계약업무를 담당하면서 가장 많이 받은 질문이다.

"이런 방식으로 계약하면 됩니까?"

"이런 내용을 계약서에 집어넣어도 될까요?"

그러면 필자는 항상 다음과 같이 답변한다.

"네, 계약은 당사자 간에 합의를 하면 합의한 대로 효력이 있습니다."

기술이전계약도 당사자 간에 어떠한 형태이든지 의견의 합치가 되어 계약을 체결하면 그 자체로 유효하다. 다만 신의성실의 원칙에 반(反)하거나 사회상규에 반하는 등의 특이한 사유가 있다면 무효가 될 수도 있다. 하지만 이것은 어디까지나 극히 예외적인 사항이다.

이것이 핵심이다!

⊛ 기술이전계약도 계약의 하나로 '계약자유의 원칙'상 당사자가 원하는 대로 자유롭게 맺을 수 있다.

무엇을 기술이전 할 것인가?
- 기술이전의 대상

　기술거래에 있어서 기술이전의 대상이 되는 것은 당연히 '기술'이다. 기술은 종류가 천차만별이어서 보다 구체적으로 살펴볼 필요가 있다. 그렇다면 기술이전의 대상에는 어떠한 것들이 포함될까? 가장 대표적인 것이 '특허Patent'이며 그 밖에 실용신안Utility Model, 저작권Copyright, 소프트웨어S/W, 매뉴얼Manual, 절차서Procedure, 노하우Know-how 등도 그 대상이 된다.

　기술이전의 대상이 이처럼 다양한 것은 앞서 설명했던 '계약자유의 원칙' 때문이다. 누구나 어떤 기술을 이전할지는 당사자 간의 합의에 따라 자유롭게 결정할 수 있다.

　현재까지 필자가 기술이전 업무를 담당하며 다루었던 기술이전 대상은 다음과 같다.

특허는 등록된 특허뿐만 아니라 출원 중인 특허도 가능하다. 저작권은 대개 한국저작권위원회에 등록한 소프트웨어가 이전 대상이었다. 심지어 연구성과의 유형적 결과물인 시제품도 기술이전 대상이 될 수 있다.

그럼 왜 특허가 기술이전 대상물 중 대표일까? 기술은 개발한 그 자체로서도 의미를 가지지만 이를 거래하기 위해서는 이른바 '권리화 작업'이라는 것이 필요하다. 이 '권리화 작업' 중 대표적인 수단이 특허이다.

내가 회사를 경영하는 사장이라고 가정해보자.

일 잘하는 직원이 한 명 있다. 이 직원은 회사의 제품 생산과 관련한 업

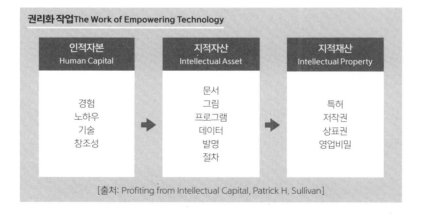

권리화 작업 The Work of Empowering Technology

인적자본 Human Capital	지적자산 Intellectual Asset	지적재산 Intellectual Property
경험 노하우 기술 창조성	문서 그림 프로그램 데이터 발명 절차	특허 저작권 상표권 영업비밀

[출처: Profiting from Intellectual Capital, Patrick H. Sullivan]

무를 완벽하게 수행한다. 만일 이 직원이 갑자기 회사를 그만두게 될 경우 어떤 상황이 발생할까? 무엇인가 대책이 필요할 것이다. 이러한 대책 중 하나가 업무를 '기록'하고 '매뉴얼화'하는 것이다.

인간의 경험이나 노하우, 기술, 창조성은 인적자본으로서의 가치를 가진다. 한 직원이 퇴사, 사고 등 어떠한 사유로 그 조직에서 사라져버린다면 이러한 인적자본 역시 사라지고 말 것이다. 인력이 교체되더라도 인적자본을 유지할 수 있도록 '자산화Asset' 하는 것이 필요하다. 곧 인적자본의 유지를 위하여 업무를 문서화하고, 프로그램을 만들고, 데이터를 저장하고, 절차서를 만들어야 한다.

하지만 이것만으로는 자산을 충분히 보호하기에 부족하다. '내 것'이라는 것을 대외적으로 알릴 필요가 있다. 그래야 타인이 '내 것'을 침해하지 않고 설사 분쟁이 발생하더라도 '내 자산'을 보호할 수 있다. 따라서 더 강력한 보호를 위한 '권리화 수단'을 동원하게 된다. 그것이 바로 '특허'이다.

특허는 '기술공개'에 대한 대가로 '독점권'을 갖는 것이다. 독점권은 '20년간 독점적으로 사용할 권리'를 취득하는 것이므로 특허와 같은 '기술의 권리화'는 기술의 보호나 활용에 있어서 매우 중요하다.

내 기술을 올바로 활용하고 보호 받기 위해서는 기술을 개발하는 동시에 특허를 출원해야 한다. 특허 성립요건에는 '신규성'이란 것이 있어서 기술이 외부에 공개되면 특허로 등록을 받을 수 없다. 공개 전에 신속하게 출원해야 한다.

기술이전의 대상

❶ 무형적 결과물 : 특허, 실용신안, 상표, 디자인, 저작권, 노하우, 절차서, 논문 등
❷ 유형적 결과물 : 시제품, 연구결과물 등

결론적으로 모든 것이 기술이전의 대상이 된다. 영업비밀, 노하우, 절차서, 매뉴얼, 연구노트, 소스코드 등 그 대상에 제한이 없으며, 명칭이 어떠하든지 간에 상관이 없다. 물론 그중 가장 손꼽을 만한 것이 특허이다. 이 책에서는 앞으로 기술이전 대상을 설명할 때에 특허를 예로 들 것이다.

이것이 핵심이다 !

✼ 기술이전의 대상은 무엇이든 가능하다.

기술이전, 어떤 형태로 진행되나?
- 기술이전의 유형

기술이전의 유형은 매우 다양하다. 어떻게 계약하느냐에 따라 유형은 제각각이라고 할 수 있다. 이는 계약의 속성 때문이다. '계약자유의 원칙' 상 어떠한 형태의 계약을 체결하더라도 아무런 문제가 없다. 오로지 당사자 간에 '무엇을 합의했나?'가 가장 중요하다.

전통적인 방법론에 따르면 기술이전의 형태는 크게 두 가지다. 핵심은 기술을 매각하느냐 빌려주느냐로 구분된다. 기술매각은 기술을 판다는 것이고, 이것으로 소유권 자체가 이전된다. 이후 '기술이 제대로 된 기술인가?'라는 하자담보책임Defect Liability의 문제가 있을 뿐이다. 기술을 빌려줄 때(보통 '실시한다'고 한다)는 소유권을 이전하지 않고 사용권License만을 허락한다.

기술의 매각 : 소유권이 이전됨

기술의 실시 : 소유권은 이전되지 않고 사용권만 발생함

기술의 실시는 크게 '전용실시'와 '통상실시'로 나눌 수 있다.

전용실시Exclusive License는 실시기업에만 독점적 사용권한을 주는 형태이다. 타 기업에 추가로 기술이전을 하는 것은 원칙적으로 불가능하다. 만약 추가로 기술이전을 하고자 한다면 전용실시권을 가진 기업의 동의를 얻어야 하는데, 이 경우 대부분 동의하지 않는다. 독점적인 사용을 위해 전용실시권을 설정한 것이기 때문이다.

통상실시Non-Exclusive License는 이전 기업에 기술을 제공하고 나서 타기업에 추가로 기술이전이 가능한 형태이다. 한 곳에만 독점적으로 사용권을 주는 것이 아니라 복수의 당사자에게 기술을 이전할 수 있다.

기업들은 당연히 전용실시를 원하고 기술보유자는 통상실시를 원한다. 기술보유자 입장에서는 어떻게든 더 많은 곳에 기술이전을 하고 싶어 한다. 그래야 기술료를 많이 받을 수 있기 때문이다. 반대로 기업은 자기만 독점적으로 사용하고 싶어 한다. 경쟁자가 생기면 기업 입장에서는 아무래도 좋을 것이 없다.

대부분의 기업은 일반적으로 기술거래 시 통상실시를 원칙으로 하도록 규정(내부규정)에 명시하고 있다. 전용실시는 독점적 사용권을 갖기 때문이다. 독점적 사용권은 특정집단에 특혜를 준다는 공정성 문제가 발생할 수 있다. 하지만 '계약자유의 원칙'상 전용실시도 얼마든지 가능하다.

이는 전적으로 당사자 간의 합의에 달린 문제이다. 통계를 보면 우리나라는 통상실시계약이 다수를 이루고 미국은 전용실시계약이 통상실시계약보다 훨씬 더 많다.

전용실시권 설정 시 '특허'는 유의해야 할 사항이 있다.

전용실시권 설정등록이 있을 경우 → 전용실시권 성립
전용실시권 설정등록이 없을 경우 → 전용실시권 불성립

전용실시권 설정등록이 없을 경우, 전용실시권을 청구할 수 있는 효력(이를 '채권적 효력'이라고 부른다)만 있을 뿐이며 전용실시권은 성립하지 않는다. 계약을 전용실시권 계약으로 해도 '전용실시권 설정등록'이 없으면 전용실시권 자체가 성립하지 않는다. 이를 '효력발생요건'이라고 한다. 이는 부동산 거래에서 등기부등본상 '을구乙區'에 전세권, 근저당 설정 행위와 유사하다.

통상실시권은 독점적인 것과 비독점적인 것이 있다.

전자는 전용실시권 설정 전의 상태(전용실시권을 특허등록원부에 기재하기 직전의 상태)나 양자의 협의에 의하여 전용실시권 계약은 하지 않되 다음과 같은 조항을 계약서에 삽입한 경우이다.

타 기업에 실시할 경우에는 기존 실시권자(기술도입자)의 동의를 받아야 한다.

이렇게 하면 결과적으로 전용실시와 같은 효과를 누리게 된다. 필자도 실무에서 이런 방법을 자주 활용했다. 이는 소속기관에서 전용실시를 금지하는 경우나 특허등록원부의 전용실시권 설정을 번거롭게 생각할 경우 우회하는 수단으로도 사용되고 있다. 사실 이 같은 부가조항을 계약서에 반영하면 전용실시와 통상실시라는 개념이 모호해진다. 양자를 구분하는 것이 별 의미가 없어지는 것이다.

한편 기술이전의 종류 중 최근 각광을 받는 것이 '크로스 라이선싱 Cross Licensing'과 '재실시권Sub-license'이다.

'크로스 라이선싱'이란 특허를 보유한 기업끼리 특허를 공동으로 사용하자는 계약(실시권을 상호 부여)을 말한다. '특허상호협력' 내지 '특허상호실시허락'이라는 용어를 쓰기도 한다. 최근 삼성과 애플, 삼성과 퀄컴, 현대차와 아우디가 맺은 크로스 라이선싱이 대표적인 예이다.

크로스 라이선싱을 할 때 광범위하게 포괄적으로 하는 경우는 드물다. 양자 간 특허(기술)의 질적 혹은 양적 규모가 서로 달라서이다. 크로스 라이선싱은 특허협력 외에 상호기술협력을 하는 경우 '관련 분야(업계)'의 기업 간에 많이 발생한다. 분쟁을 예방하고 기술협력도 하며 자기들만의 영역(타 기업이 진입하지 못하게 하는 장벽)을 구축할 수 있기 때문이다.

'재실시권'은 특허실시권을 확보한 자가 실시권의 범위 내에서 제삼자에게 다시 실시하는 것이다. 이 역시 계약자유의 원칙상 당연히 도출되는 개념이다. 재실시권은 제품개발 과정에서 컨소시엄 형태로 개발이 가능하다는 점에서 의약품 분야에서 많이 활용되고 있다.

최근에는 전통적인 기술이전 형태에서 벗어나 다양한 방식의 기술이전 형태가 등장하고 있다. 대표적인 것이 기업 인수합병M&A 이다. 특히 연구 역량을 가진 벤처기업을 대기업 등이 인수합병을 통해 기업의 성장 동력으로 삼는 일이 많아지고 있다.

어느 한 분야에 대한 관련 특허를 모아 '특허 포트폴리오'를 구성해서 통째로 기술을 이전하기도 한다. 또한 특허를 일종의 재산권으로 여겨 파이낸싱(자금조달) 시 담보(질권설정)로 제공하기도 한다. 요즘에는 특허를 시장에서 사고파는 거래시장이나 특허경매와 같은 형태도 선진국인 미국을 중심으로 활성화되고 있다.

앞으로도 다양한 방식의 기술이전이 이루어지리라고 본다. 필요한 기술을 얻기 위한 노력이 실제로 여러 형태의 계약을 만들어내고 있다.

이것이 핵심이다 !

✱ 특허 전용실시권 설정 시 유의 사항! 특허등록원부에 전용실시권을 설정해야 한다.

기술사업화, 누가 추진하는가?
- 기술이전 전담조직TLO의 중요성 -

　연구개발 기능이 있는 기관(혹은 기업)은 대부분 기술이전을 전담으로 하는 부서를 두고 있다. 설령 부서를 두고 있지 않더라도 이러한 기능을 하는 조직이 분명히 존재한다(조직이 없다면 이런 일을 하는 사람은 분명히 있을 것이다). 이를 '기술이전 전담조직'이라고 부른다. 기술사업화를 올바로 이해하기 위해서는 기술이전 전담조직을 잘 알고 있어야 한다.

　기술이전 전담조직은 영어로는 TLOTechnology Licensing Office라고 부른다. 관련 업계에서 널리 통용되는 약어이다. 연구소를 기준으로 볼 때 성과확산실(혹은 성과확산팀)이나 기술사업화실(혹은 기술사업화팀) 등으로 부르는 조직이다. 불과 몇 년 전까지만 해도 TLO에 대한 인식이 비교적 낮은 편이었다. 하지만 요즘에는 일정 규모 이상인 대학이나 연구소에서는 TLO가 필수조직이 될 만큼 관심이 높아지고 있다.

우리 정부는 2000년 '기술의 이전 및 사업화 촉진에 관한 법률(이하 '기술이전법'이라고 한다)'을 제정하였다. 이 법에서 TLO의 육성을 구체적으로 명시하고 있다. 그 결과 대부분의 연구소나 대학에서 TLO는 점점 역할이 커지고 있으며 그 중요성은 앞으로 더욱 확대될 것이다.

현재 규모가 있고 사업화가 가능한 연구 분야가 많은 공공연구기관은 TLO를 설치, 운영하고 있다. 하지만 규모가 작은 대학이나 연구기관은 별도의 TLO 운영이 쉽지 않다. 그래서 산학협력단이나 연구기관 내 타부서(가령 연구관리나 홍보 부서) 등에 담당자를 배치하여 운영하기도 한다.

기관 여건상 기술이전 전담조직을 설치하지 않은 곳은 아무래도 기술이전이나 사업화에 소극적인 기관들이 대부분이다. 정부에서도 연구성과만 강조하지 말고 각 기관들에 기술이전 전담조직을 갖출 수 있는 다양한 방안을 강구할 필요가 있다.

최근에는 TLO를 넘어서 CBO형 성과확산 전담조직이란 말이 유행하고 있다. CBO는 Creative Business Office의 약자로 TLO보다 한 단계 업그레이드된 개념의 '선도형 성과확산 전담조직'이라고 보면 된다.

CBO는 기존의 수동적인 기술이전계약이나 마케팅 형태를 넘어 성과확산 전담조직의 프로그램을 이용한 공격적 기술이전, 시장거래시스템을 활용한 선도적 마케팅이 가능한 조직 형태를 의미한다. 아직 조직 형태 구성이 안 된 후발 TLO는 고유 역할을 수행할 수 있도록 최선을 다하고, 일정 역량을 갖춘 기존의 TLO는 CBO 체계로 체질 개선을 할 필요가 있다.

TLO 활성화를 위해서는 각 TLO 간 유대 관계 형성이 매우 중요하다. 서로 정보를 공유하고 민감한 현안에 공동으로 대응할 수 있기 때문이다. 이런 이유로 TLO 모임을 활성화하는 것이 필요하다(모임이 있으면 반드시 나가라!).

또한 TLO 전문인력양성을 위해 TLO 소속 구성원에 대한 교육을 적극 실시해야 한다. 각종 관련 자격(기술거래사 등)을 취득하고 관련 사업(특허 포트폴리오 사업, 기술이전 R&BD사업 등)을 도전적으로 수행할 필요가 있다.

TLO 소속원의 일정 기간(최소 5년 이상) 근속도 보장해야 한다. 기술사업화 분야는 경험도 중요하고 인맥도 중요하므로 담당 직원을 자주 바꾸어서는 아주 곤란하다. 근속 보장으로 업무적 노하우나 지식을 사장死藏시키는 일이 없도록 해야 할 것이다.

이것이 핵심이다!

❋ 기술이전 전담조직TLO을 제대로 갖춘 기관이 기술사업화를 잘할 수 있다.
❋ 기술이전 전담조직에 대한 적극적인 투자가 중요하다.

제2장

지식재산권은
어떻게 확보하는가?

특허라는 오묘한 대상
- 지식재산권의 국가대표, 특허特許

지식재산권IP: Intellectual Property이란 말을 종종 들어보았을 것이다. 지식재산권이란 '지식'에 '재산권'을 더한 개념으로, 법령 또는 조약 등에 따라 인정되거나 보호되는 지식재산에 대한 권리를 말한다. 지식은 유형적 실체를 가지고 있지 않기 때문에 이를 무체재산권無體財産權이라고 한다. 최근 들어 가장 주목받고 있는 재산권이 바로 지식재산권(과거에는 지적재산권이라고 불렀다)이다.

그러면 지식재산권에는 어떠한 것들이 있을까? 가장 대표적인 것이 특허Patent이다. 특허 외에도 많은 지식재산권(실용신안권, 저작권, 상표권, 디자인권, 영업비밀 등)이 있지만 기술이전, 기술마케팅과 관련하여 대표적인 지식재산권은 단연 특허라고 할 수 있다.

특허란 무엇일까? 특허의 정의는 다음과 같다.

일정한 요건을 가진 발명을 대외에 공개하는 반대급부로 일정 기간 독점적인 사용권한을 갖는 국가와의 공적 계약

그럼 발명이란 무엇일까? 발명의 정의는 다음과 같다.

자연법칙을 이용한 기술적 사상思想의 창작으로 고도高度한 것

발명은 자연법칙을 이용한 기술적 사상의 창작이다. 여기에 '고도한 것'이라는 조건이 있다. 이것이 빠지면 발명이 아닌 '고안'으로, 특허가 아닌 실용신안 등록 대상이 된다.

특허는 앞에서도 언급했지만 출원일로부터 20년간 출원인(권리자)이 독점적으로 사용할 수 있는 권리를 가진다. 보통 특허출원 후 등록까지 2년 정도 걸린다는 점을 고려할 때 대략 등록 후 18년 정도의 효력 기간을 가진다고 볼 수 있다. 특허의 효력 기간은 '등록일'로부터 20년이 아니라 '출원일'로부터 20년임을 명심하자.

특허법 제88조(특허권의 존속기간) ① 특허권의 존속기간은 특허권을 설정 등록한 날부터 특허출원일 후 20년이 되는 날까지로 한다.

특허의 효력 기간이 20년인 이유는 그 기간 동안 독점권을 가지고 잘 활용하라는 뜻이다. 직접 특허를 활용하여 영업활동을 할 수도 있고, 특허를 필요로 하는 자에게 팔거나 빌려주고 대가를 받을 수도 있다.

특허제도가 없다면 어떠한 일이 벌어질까? 대가를 지불하지 않고 누구나 새 기술을 이용할 수 있다면 아무도 고생해서 기술을 개발하려고 하지 않을 것이다. 그러면 과학기술의 발전도 없고, 기술사냥꾼만이 횡행하는 부조리한 세상이 될 것이다. 따라서 특허는 현대와 같은 기술사회에서 반드시 필요한 장치이며 그 중요성은 아무리 강조해도 지나치지 않다.

이것이 핵심이다!

� 지식재산권은 무형적 재산권으로 가장 대표적인 것이 특허이다.
✲ 특허는 발명자의 발명에 대한 권리를 보호하는 제도이다.

기술의 권리화, 꼭 필요한가?
- 특허와 영업비밀의 차이

특허와 영업비밀의 차이를 잘 나타내는 예가 바로 코카콜라 제조방법이다. 코카콜라 제조방법은 특허로 등록하지 않았다. 만약 특허로 등록했다면 이미 독점적 사용기간인 20년이 지나 코카콜라를 만드는 기술은 공지의 기술(누구나 쓸 수 있는 기술)이 되었을 것이다.

특허기간(출원일로부터 20년)이 만료된 기술은 누구나 사용할 수 있다. 특허는 기술의 공개를 전제로 하기 때문이다. 특허출원은 출원일로부터 18개월 후에 공개된다(공개 이유는 뒤에서 설명할 것이다).

영업비밀Trade Secret은 말 그대로 회사의 영업상 비밀이다. 코카콜라 제조방법은 영업비밀로서 회사의 일부 관계자 외에는 절대적인 불문율에 붙여져 있다. 그래서 100년 넘게 영업비밀로 유지되고 있다.

영업비밀은 비밀유지만 잘하면 특허처럼 존속기간이 있지 않아 영원히 활용할 수 있다. 이러한 이유로 기간에 관해서는 특허보다 유리하다. 곧 비밀유지만 잘하면 특허보다 더 강력한 효과를 낼 수 있다. 그러나 비밀이 노출되는 순간 그 가치를 상실하기 때문에 비밀유지에 상당히 신경을 써야 한다.

영업비밀은 '부정경쟁방지 및 영업비밀보호에 관한 법률(줄여서 '부경법'이라고 부른다)'에서 규정하고 있다. 영업비밀을 보유한 자는 그 영업비밀이 침해되거나 침해될 우려가 있을 경우 금지나 예방을 청구할 수 있다. 또한 침해행위를 조성한 물건을 폐기하거나 제거를 요구할 수 있다. 곧 영업비밀 자체가 법률로 보호를 받는다. 영업비밀은 함부로 빼낼 수 없으며, 반대로 영업비밀을 가지고 있을 경우 법에 따라 보호를 받을 수 있다.

우리가 타 지식재산권에 비해 간과하는 것이 영업비밀이다. 특허의 중요성은 인식하면서도 영업비밀에 관해서는 의외로 무지한 경우가 많다. 영업비밀도 지식재산권의 어엿한 한 분야로서 기업 운영에 있어서는 매우 중요한 개념이다. 영업비밀의 정의는 다음과 같다.

공공연히 알려져 있지 아니하고 독립된 경제적 가치를 가지는 것으로서 상당한 노력에 의하여 비밀로 유지된 생산방법, 판매방법, 그 밖에 영업활동에 유용한 기술상 또는 경영상의 정보를 말한다.

내가 영업비밀이라고 아무리 주장해도 부경법상의 요건을 갖추지 않으면 영업비밀로 보호 받지 못한다. 영업비밀의 요건은 다음과 같다.

첫째, 영업비밀은 공공연히 알려져 있지 않아야 한다.

이미 다 알려진 공지의 사실임에도 비밀이라고 주장하는 경우가 있는데, 이런 경우 아무리 주장해봐야 소용이 없다.

둘째, 상당한 노력에 의하여 비밀로 유지되어야 한다.

비밀을 유지하기 위한 노력을 하지 않았으면 영업비밀로 인정하지 않는다. 이것이 영업비밀에서 가장 중요한 점이다. 비밀을 유지하기 위한 방법은 여러 가지가 있지만, 일단 '비밀'이라고 표시를 해야 한다. 예를 들면 '대외비Confidential' 등으로 표시하는 것이다. 아무런 표시도 하지 않고 나중에 비밀이었다고 주장을 하는 경우가 대부분의 분쟁 사례임을 볼 때, 이러한 노력은 반드시 필요하다.

영업비밀 도용의 사례

중소기업 사장인 A씨는 좋은 제품기술을 생각해냈고 그것을 대기업에 제안하였다. 당시 대기업에서는 별다른 반응을 보이지 않았다. 그런데 나중에 보니 대기업에서 중소기업 사장이 제안한 제품을 조금 수정하여 몰래 출시하였다. 이에 중소기업 사장 A씨는 대기업 제품이 자신의 기술을 도용한 것이라고 주장하며 법원에 소송을 제기하였다.

위의 경우, 제품이 내 것이라고 아무리 주장을 해도 그 증거를 내어놓지 않으면 소용이 없다. 그래서 자료를 제공할 때 '비밀'이라고 표시하고 제공 자료에 대한 구체적 증빙(이메일 등)을 남겨놓아야 한다.

또한 사전에 비밀유지계약NDA을 체결해놓아야 한다. 그렇지 않으면 추후 분쟁이 발생할 경우 대응이 어려워진다(비밀유지계약에 대해서는 뒤에서 자세히 알아볼 것이다).

영업비밀은 회사의 비밀을 많이 알고 있는 직원이 타 회사로 이직할
경우 곧 전직 시 문제가 된다. 과거 결혼정보업체 직원이 타 결혼정보업
체로 옮기면서 고객정보를 하드디스크에 담아 가 문제가 된 적이 있었
다. 고객정보도 영업비밀 중 하나로 보호 받는다.

기술을 개발할 경우 이를 영업비밀로 유지할 것인지 특허로서 등록할
것인지에 대한 결정을 해야 한다. 비밀유지가 가능하다는 전제하에 오랜
기간 활용할 수 있는 기술이라면 굳이 특허를 출원할 필요가 없다. 그러
나 기술주기가 짧거나 자체 생산이 불가능(자체 생산 기능이 없는 대학이나 연
구소)하다면 특허로 등록하는 것이 바람직하다.

특허와 영업비밀의 차이

구분	특허	영업비밀
관련법	특허법	부정경쟁방지 및 영업비밀보호에 관한 법률
보호대상	발명	경제적 가치를 갖는 영업 및 기술정보
보호요건	특허등록	비밀유지관리
보호기간	출원일로부터 20년	영구적(단, 비밀유지 시)
공개 여부	공개 필수	비공개(공개 시 보호 불가)

비밀유지계약NDA에 대하여

❶ 기업에 있어서 기술은 가장 중요한 핵심자산이다. 이러한 기술을 보호하는 수단이 비밀유지계약 곧 NDANon Disclosure Agreement이다. NDA는 보통 다음의 경우에 작성한다.

　　가. 새로운 상품을 투자자에게 공개할 때
　　나. 회사의 정보·기술·지식을 동업자에게 공개할 때
　　다. 제삼자와 정보·기술·지식과 관련한 계약을 체결할 때

❷ NDA에는 다음과 같은 조항들이 반영되어야 한다.

　　가. 당사자, 비밀정보 범위
　　나. 비밀유지의무, 위반 시 구제 조치
　　다. 비밀유지기간 및 해지, 기간만료 시 자료 반환
　　라. 지식재산권 제한 사항, 분쟁 해결방법 등

❸ 계약을 협의하거나 이전 단계에서 정보를 제공할 때에는 기술유출의 염려가 있으므로 비밀유지 계약을 반드시 체결하고 이를 증빙으로 남긴 후 정보를 제공해야 한다. 이럴 경우 상대방에서 비밀 유지계약의 존재로 인하여 비밀보호유지에 신경을 쓰게 되고, 만일 발생할 수 있는 분쟁에서 유리 한 위치에 설 수 있다.

영업비밀도 노하우의 일종으로서 기술이전의 대상은 되지만, 특허가 기술이전의 더 강력한 수단이므로 특허로 등록시켜 기술이전을 하는 것 이 여러모로 더 유리하다.

이것이 핵심이다 !

⊛ 특허는 기술의 공개에 대한 대가로 20년간 독점적 사용권한을 얻는 것이다.
⊛ 영업비밀은 비밀유지가 생명이다.
⊛ 영업비밀로 보호 받기 위해서는 '비밀'을 지키기 위한 노력이 있어야 한다.

지식재산권은 왜 확보해야 하는가?
- 지식재산권 확보의 필요성

앞에서 기술개발에 대한 반대급부로 국가로부터 일정 기간 독점적 사용권한을 부여 받는 것이 특허라고 하였다. 특허도 결국 기술에 대한 권리화 수단이다. 곧 권리화 수단을 국가가 부여해준 것이다.

좋은 기술을 개발했어도 이를 권리화하지 않으면 결국 기술사냥꾼의 먹잇감으로 전락하고 만다. 기술개발에 대한 대가를 얻기 위해서는 기술을 권리화하는 것이 매우 중요하다.

지식재산권, 특히 특허를 확보하게 되면 개발한 기술의 우수성을 대외에 널리 알릴 수 있다. 뒤에서 자세히 알아보겠지만 특허는 기술마케팅을 위한 훌륭한 도구로 활용할 수 있다. 또한 검증 작업(특허심사)을 거쳐 기술로서 인정을 받으면 기술이전의 유인책이 될 수 있기 때문에 기술확보만큼 지식재산권의 확보가 중요하다.

지식재산권 가운데서도 특허를 확보해야 하는 이유를 구체적으로 살펴보면 다음과 같다.

첫째, 제품차별화를 통해서 시장에서 독점적인 지위를 확보할 수 있다. 대표적 사례가 아마존Amazon 온라인 서점의 원클릭1-Click 특허이다. 원클릭 특허는 한 번의 클릭으로 미리 저장해둔 정보를 이용하여 주문과 결제를 완료한다(써본 사람은 알겠지만 매우 간편하다). 이에 맞서 거대 서점인 반스앤드노블Barnes & Noble은 원클릭이 아닌 두 번 클릭하는 방식의 결제 시스템을 도입하였다. 하지만 두 번째 버튼을 추가한 것으로는 아마존의 특허를 피하지 못했다.

법원은 원클릭 특허를 인정하면서 반스앤드노블에 두 번 클릭 방식을 사용하지 못하도록 했다. 아마존의 원클릭 특허 위력은 놀라웠다. 아마존이라는 신생기업이 특허를 무기로 반스앤드노블의 시장진입을 막은 것이다. 아마존의 원클릭 특허는 온라인 서점의 진입장벽을 만들었고, 기업의 경쟁력을 확보하는 결정적인 힘으로 작용하였다.

둘째, 우수한 특허는 기술이전을 촉진한다. 특허가 우수하다는 것은 사업화(제품화)할 수 있는 가능성이 크다는 말이다. 그래서 우수한 특허는 기업의 구미를 당기는 매력을 가지고 있다. 심사관의 심사를 거쳐 국가의 공적公的 인증을 받은 기술인 데다가 독점적인 사용권한을 가지고 기술을 사업화할 수 있기 때문이다.

[출처: 아마존 누리집]

아마존 '원클릭' 특허 9월 만료, 파장은?

수십억 달러 가치를 지닌 미국 아마존의 '원클릭' 특허(등록번호 US5960411)가 조만간 만료된다. 이에 아마존 경쟁사들이 원클릭과 유사한 서비스를 도입할 것으로 예상된다.

포브스 등 외신이 지난 2일(현지시간) 보도한 바에 따르면, 아마존이 1999년 미국 특허청에 등록한 원클릭 특허는 오는 9월(2017년) 만료된다. 원클릭은 아마존이 회원 신용카드 등 지불정보와 주소를 저장해 버튼 하나만 클릭하면 주문과 결제가 완료되는 시스템으로, 간편결제의 시초다. 주문 단계가 줄어 시간이 절약되고, 결제 단계 진행 중 주문이 중단될 가능성이 사라져 소비자가 더 큰 비용을 지출하도록 유인하는 구조다.

아마존은 원클릭 시스템으로 일약 전자상거래의 최강자로 떠올랐다. 리조이너 등 일부 외신은 원클릭 특허 가치를 24억 달러(2조 9,000억 원)로 추산했다.

_기사 요약발췌

셋째, 특허분쟁에 대비할 수 있다. 타인이 무단으로 특허발명을 사용하는 경우, 사용을 금지하고 손해배상을 청구할 수 있다. 또한 타인이 내게 특허를 침해했다고 주장하는 경우, 반대 논리를 제공할 수 있다. 특허분쟁에 있어서 특허의 존재는 결정적인 역할을 한다. 여기에 특허침해에 따른 조악한 제품의 시장유통을 막음으로써 특허권자의 신용과 평판을 유지하는 기능도 수행한다.

넷째, 자금조달 측면에서 큰 도움이 된다. 훌륭한 기술을 특허로 등록해놓으면 투자자VC의 투자를 유치하는 데 아주 좋은 도구로 사용할 수 있다. 은행의 대출을 받는 데도 유리하다. 정부지원사업에 참여할 경우

다이슨, 강한 특허로 혁신 제품을 지켜내다

❶ 다이슨은 청소기와 선풍기로 유명한 영국의 전자제품 기업이다. 특히 무선 핸디 청소기 개발로 선풍적인 인기를 끌었으며, 기존 선풍기의 날개를 없앤 혁신적인 제품으로 시장을 뒤흔들었다.

❷ 선풍기에 날개를 사용하는 방식은 1882년부터 현재까지 쓰이고 있는데, 다이슨은 날개 없는 선풍기를 2009년에 처음 출시하였다. 주변의 공기를 끌어들여 유입되는 바람의 15배까지 배출되는 바람을 증폭한다는 완전히 새로운 기술이다.

❸ 이 같은 제품이 등장하면 모조품 또한 우후죽순으로 생겨난다. 다이슨은 이 과정에서 강력한 특허권을 바탕으로 혁신 제품들을 지켜낼 수 있었다.

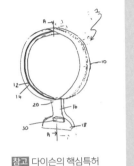

참고 다이슨의 핵심특허
제10-1038000호: 선풍기

우대를 받을 수도 있다.

결론적으로 지식재산권의 확보는 오늘날 같은 기술 중심 사회에서는 무척 중요한 일이다. 기술개발에 공을 들인 만큼 관심을 가지고 개발한 기술을 권리화하기 위한 노력과 투자를 아끼지 말아야 한다.

이것이 핵심이다 !

⊛ 지식재산권은 개발자의 이익을 보호하기 위한 최후의 보루다.
⊛ 훌륭한 지식재산권은 기술마케팅의 수단으로서 기술이전을 촉진하는 역할을 한다.

특허, 어디서 관장하는가?
- 특허청과 유관기관

특허와 관련한 업무를 총괄하는 주체는 특허청이다. 특허청에서는 특허, 실용신안, 상표, 디자인과 관련한 모든 업무를 담당한다. 특허를 이해하기 위해서 특허청을 잘 알아야 할 필요가 있다. 특허청은 현재 산업통상자원부 외청으로 소속된 국가기관이다.

특허청 누리집에 가면 특허청이 무슨 일을 하는지 개략적으로 파악할 수 있다. 기술이전 업무를 담당하는 담당자가 간과하는 것이 특허청에 대한 지식이다. 모름지기 기술이전 업무를 담당한다면 특허청의 구성이 어떠하고, 어떤 업무를 하고 있는지 확인해볼 필요가 있다.

첫째, 특허청 조직을 알아야 한다. 특허청에는 특허청장을 필두로 각각의 국이 있고, 국 밑에는 과가 있다. 이 과들을 유심히 보면 우리나라 특허심사가 어떤 체계로 이루어지고 있는지 알 수 있다. 가령 자동차 관

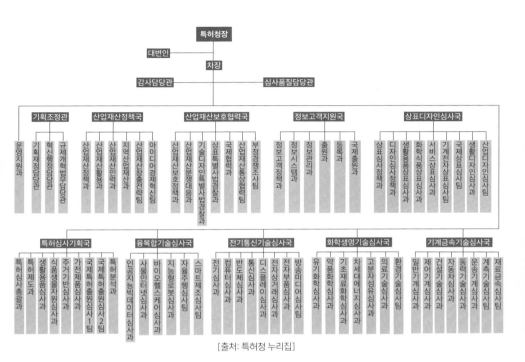

[출처: 특허청 누리집]

런 특허는 자동차심사과에서 담당하며, 선박해양플랜트는 운송기계심사과에서 담당한다.

둘째, 소속기관과 공직유관단체를 확인할 필요가 있다. 우선 특허청의 소속기관을 알아보자. 특허청 소속기관은 특허심판원과 국제지식재산연수원이 대표적이다.

특허심판원은 산업재산권 자체에 대한 분쟁을 심판하는 곳이다. 곧 특허에 관한 심판은 특허심판원에서 담당한다. 반면 특허와 관련한 재산적 분쟁(침해소송 및 손해배상)은 일반법원에서 담당한다.

특허소송

특허심판 ▷ 산업재산권의 발생, 변경, 소멸 및 그 효력 범위에 관한 분쟁 ——▶ 특허심판원
특허침해소송 ▷ 산업재산권 관련 침해금지, 손해배상 소송 등————————▶ 일반법원

[출처: 특허청 누리집]

특허심판원은 특허의 발생, 변경, 소멸, 권리범위에 대한 분쟁 발생 시 심판을 전담으로 하는 조직이다. 특허심판원 결정을 '심결'이라고 한다. 특허심판원 심결에 불복할 경우 고등법원급 전문법원인 특허법원에 소송을 제기할 수 있다. 또한 여기서 불복할 경우 대법원에 상고할 수도 있다. 따라서 특허심판은 사실상 1심법원의 역할을 수행하고 있는 셈이다.

특허심판원 (특허심판) ➡ 특허법원 (심결취소소송) ➡ 대법원 (상고심)

[출처: 특허청 누리집]

국제지식재산연수원은 특허 관련 교육을 담당하는 곳으로, 대전 유성구에 있다. 참고로 특허청 및 특허법원 등 특허유관 단체 및 기관은 대부분 대전에 위치한다. 이는 지리적으로 대전이 남한의 중심이라는 것도 있겠지만 정부조직 구성 시 특허청을 정부대전청사에 두면서 생긴 일이 아닐까 싶다. 대전은 과학의 도시이기에 더욱더 그러하다.

특허청 소속기관의 직원들은 공무원이며, 이 점에서 공직유관단체와 다르다고 할 수 있다. 공직유관단체의 직원은 공공기관의 직원으로 공무원이 아니다.

공직유관단체는 상당히 많다. 한국특허전략개발원(구 한국지식재산전략원), 한국발명진흥회, 한국지식재산보호원, 한국지식재산연구원, 한국여성발명협회, 한국특허정보원을 들 수 있다. 여기에 간접적인 유관단체는 그 수를 헤아릴 수 없을 정도로 많다.

각 기관들이 어떠한 업무를 담당하고 있는지는 누리집(홈페이지)을 방문해서 확인해야 한다. 각 기관에서 수행하는 사업 중에는 참여하거나 지원 받을 사업이 많이 있기 때문이다. 부지런한 새가 벌레를 잡아먹기 마련이듯 이런 정보에 항상 안테나를 열어놓아야 한다.

셋째, 특허청의 주요 서비스를 잘 알아야 할 필요가 있다. 특허청 누리집 우측 상단에 보면 '특허청 주요 서비스'를 안내하고 있다. 여기에 특허정보넷 키프리스, 전자출원포털 특허로 등 다양한 사이트가 링크되어 있다. 이중 핵심이 되는 것이 바로 앞에 나온 특허정보넷 키프리스와 전자출원포털 특허로이다.

특허정보넷 키프리스www.kipris.or.kr는 특허뿐만 아니라 특허청에서 관리하는 지식재산 정보를 충실히 담고 있다. 특허 업무를 하는 담당자라면 당연히 알아야 할 곳이기도 하다. 우리나라에 등록된 특허들에 대한 모든 정보를 볼 수 있는 정보의 보고이다.

발간등록번호
11-1430000-000299-14

ISSN 2092-8866

특허 · 실용신안

심 사 기 준

Guidelines for Examination

특 허 청
KOREAN INTELLECTUAL PROPERTY OFFICE

[출처: 특허청 누리집]

전자출원포털 특허로www.patent.go.kr 는 특허의 출원부터 등록까지 실무를 처리하는 곳이다. 국내출원 및 심판청구, 증명서 발급 등 다양한 절차를 진행할 수 있다. 우리가 흔히 아는 '정부24'와 비슷한 곳이다.

넷째, 마지막으로 알아야 할 것은 심사기준이다. 특허 등 지식재산권은 심사기준이 있다. 심사기준은 특허 업무를 진행하면서 알아야 하는 백과사전 같은 참고자료이다. 특허법에 규정된 내용만으로 특허심사를 하기에는 내용이 부족하기에 특허청에서 업무지침서로서 만들었다.

특허 · 실용신안 심사기준, 상표 심사기준, 디자인 심사기준이 있다. 다 읽어볼 수는 없다고 하더라도 가볍게 넘기면서 대강의 형태를 보거나 목차라도 읽어볼 것을 권한다. 내용이 너무 방대하여 자세히 읽기에는 무리가 있다. 다만 이런 것이 있다는 것을 알고 필요할 때 백과사전식으로 찾아보면 그것으로 충분하다.

이것이 핵심이다 !

✿ 특허청과 관련하여 특허청 조직, 산하기관 조직, 키프리스, 특허로, 심사기준 정도는 알고 있도록 하자.

특허출원, 어떻게 하는가?
- 특허출원 시 알아두어야 할 사항

특허는 출원 후 심사를 거쳐 등록된다. 특허출원의 핵심은 '특허로 권리화를 할 것인가'에 대한 결정이다. 특허라는 국가의 공인된 지식재산권으로서 인정을 받을 것인지, 아니면 특허출원을 하지 않고 영업비밀로서 유지할 것인지에 대한 판단이 필요하다.

지금부터는 특허출원 시 고려해야 할 사항을 살펴보겠다.

1. 특허출원 여부 결정(특허로 출원할 것인가?)

특허를 출원하기에 앞서 해야 할 일은 특허출원 여부를 결정하는 것이다. 개발한 기술에 대하여 특허가 필요한지 판단해야 한다. 특허를 확보할 필요가 없다면 특허출원을 하지 않아도 되겠지만 특허로 등록시켜 보호해야 한다면 출원 절차를 진행해야 한다.

공식적인 명칭이 있는 것은 아니지만 보통 특허출원 여부를 결정하는 절차를 '특허출원평가' 혹은 '출원 전 평가' 라고 부른다. 평가 절차를 진행하는 이유는 결국 필요한 기술만 권리화하고 필요 없는 기술의 권리화는 추진하지 않겠다는 것이다. 이는 불필요한 권리의 양산을 지양하고 특허 관리비용(특허출원 등록비 및 연차료)의 증가를 막는 데 그 의의가 있다.

평가 절차는 기관마다 제각각이므로 이를 통일되게 설명하기는 어렵다. 다만 이것을 엄격하게 진행하는 곳이 있고 그렇지 않은 곳도 있다.

일반적으로 특허출원에 대한 평가는 특허성(권리성), 기술성, 시장성(경제성)을 파악하는 것에서 시작한다. 특허성은 권리의 등록가능성이나 타 권리의 저촉가능성에 대한 판단이고, 기술성은 특허로서 적합한 기술이냐에 대한 판단이다. 시장성은 시장수요가 있고 상용화가 가능한지 여부에 대한 판단이다(사실 이런 판단은 쉬운 것이 아니다).

이렇게 출원 전 사전평가를 진행함으로서 개발 기술에 대한 가치를 판단하고 이를 근거로 특허를 출원하게 된다. 또한 해외출원 시 개별국 진입국가 개수(어느 나라에 출원할 것인가, 혹은 몇 개 나라에 출원할 것인가)를 정하는 데 활용하기도 한다. 이는 해외특허를 언급할 때 자세히 알아보도록 하겠다.

2. 특허출원의 방법

특허는 특허청에 출원한다. 특허의 개념에 관해 설명할 때 특허란 '일정한 요건을 가진 발명을 대외에 공개하는 반대급부로 일정 기간 독점적인 사용권한을 부여 받는 국가와의 공적계약'이라고 했다. 여기서 국가는 특허청을 말한다.

그러면 출원出願은 어떻게 하는 것일까? 특허는 특허신청서를 특허관리기관에 제출하면 된다. 관리기관은 특허청이며 온라인, 오프라인 모두 가능하다. 오프라인은 우편이나 방문 접수를 통해 특허청에 제출하는데, 특허청이 위치한 대전이나 서울사무소 2곳에서 접수할 수 있다. 온라인은 특허로 누리집에서 특허 고객번호를 부여 받은 후에 전자출원을 하면 된다.

특허는 별다른 문제가 없다면 출원한 날이 특허출원일이 된다. 특허출원일은 특허 절차에 있어서 매우 중요하다. 발명의 신규성, 진보성을 판단하고 심사청구, 우선권 주장, 특허권의 존속기간의 기산일이 되기 때문이다(뒤에서 자세히 설명할 것이다).

3. 특허출원 시 필요서류

특허를 출원하기 위해서는 특허출원서를 특허청에 제출하여야 한다. 출원서류는 다음과 같다.

1. 특허출원서: 특허 신청서
2. 명세서: 발명의 보호범위, 기술적 내용의 공개
3. 도면: 그림으로 사실적 표현(필수 사항 아님)
4. 요약서: 과제의 내용 파악(400자 이내)

출원서는 출원인, 대리인 및 발명의 명칭 등 발명자와 발명에 대한 정보를 적은 것이다. 명세서는 발명의 자세한 설명과 청구범위를 적은 것이다. 도면은 발명을 명확하게 하기 위하여 기술구성을 도식화하여 표현한 것이다. 출원서 등의 자료는 특허정보넷 키프리스에서 누구나 쉽게 검색할 수 있다.

특허 관련 실무는 기술적 분야이므로 관련 전문가의 도움을 받는 것이 좋다. 대개는 특허법인이나 특허사무소의 변리사Patent Attorney에게 의뢰한다.

특허는 '기술의 공개'를 전제로 하며, 기술의 공개는 '청구항Claim'을 작성하는 것에서 시작된다. 기술을 어설프게 공개하면 특허등록이 어려워지고, 너무 자세히 공개하면 감춰야 할 기술까지 모두 공개되고 만다. 이

특허출원일이 중요한 이유

❶ 신규성, 진보성의 판단 기준 시점
- 신규성: 출원일을 기준으로 국내 또는 국외에 공지, 공개 또는 간행물에 게재되지 않은 발명이어야 한다.
- 진보성: 출원일을 기준으로 해당 기술 분야에서 통상의 지식을 가진 자가 용이하게 발명할 수 있는 것이 아니어야 한다.

❷ 심사청구의 기준 시점
출원한 특허에 대해 심사관이 모두 심사하는 것이 아니며 심사청구를 한 특허에 대해서만 심사를 진행한다. 이때 심사청구기간은 출원일로부터 3년 이내에 해야 하며 3년 이내에 청구하지 않으면 그 출원은 없었던 것이 된다.

❸ 우선권 주장의 판단 기준 시점
거의 같은 시기에 동일한 내용의 특허가 A, B에 의해 출원될 경우 A가 하루라도 먼저 출원했다면 우선권이 A에게 있다.

❹ 특허권의 존속기간 기산일
특허 존속기간은 설정등록 후 출원일로부터 20년이다.

때문에 어느 범위까지 공개할 것인지에 대한 정확하고 치밀한 판단이 필요하다. 기술의 공개는 청구항을 얼마나 제대로 작성하느냐에 달려 있다고 할 수 있다.

이러한 섬세한 작업은 일반인이 수행하기에 절대 쉽지 않다. 따라서 전문가인 변리사에게 의뢰하는 것이 좋다. 변리사는 특허출원부터 보정, 등록까지 모든 절차를 대행한다. 훌륭한 변리사를 만나는 것과 변리사를 얼마나 잘 활용하느냐가 '강한 특허Strong Patent' 창출의 핵심이다.

이것이 핵심이다!

⊛ 기술을 개발하면 특허로 권리화할 것인가에 대한 판단이 필요하다.

심사는 어떻게 이루어지는가?
- 특허출원 후 심사 절차

방식심사 – 출원공개 – 실체심사 – 특허결정 – 등록공고

방식심사

특허를 출원하면 특허청에서는 특허출원 서류가 제대로 갖추어졌는지 심사를 한다. 이를 방식심사라고 한다(형식적 요건에 대한 심사이다). 출원 서류가 제대로 갖추어져 있지 않으면 부족한 서류를 보완하라고 명령한다. 출원 서류가 갖추어지면 특허청에서는 서류를 접수한다.

방식심사 완료 시 특허는 정식으로 출원이 완료되어 출원번호가 부여된다. 출원번호는 '10-2019-0000000'과 같이 구성된다. 여기서 10은 특허라는 뜻이며 2019는 출원연도를, 0000000은 고유번호(일련번호)를 의미한다.

참고로 특허청에서 관리하는 지식재산권의 고유코드는 다음과 같다.

1. 특허 10
2. 실용신안 20
3. 디자인(의장) 30
4. 상표 40
   - 서비스표 41
   - 업무표장 42
   - 단체표장 43
   - 상표서비스표 45

간혹 길거리를 지나다 '특허 받은 맛집'을 발견하는 경우가 있다. 조금만 자세히 보면 서비스표 번호(예: 41-0370749)가 적힌 음식점임을 알 수 있다. 특허가 있다면 마케팅에 유리하다고 생각하기 때문이다. 실제로 음식점 간판 등에 특허가 아닌 다른 지식재산권 관련(특히 상표) 정보를 적어놓은 곳이 많다.

출원공개

특허는 출원일로부터 18개월이 지나면 기술의 내용을 공개공보에 게재하여 일반인에게 알린다. 이를 출원공개라고 한다.

출원공개는 왜 하는 것일까? 그 이유는 다음과 같다.

첫째, 발명의 공개를 통해 제삼자의 중복연구, 중복투자 및 중복출원을 방지한다. 내가 이미 출원한 기술을 다른 사람이 알지 못한다면 중복적으로 기술개발을 할 수 있다. 이는 사회적 낭비이므로 이와 같은 일을 막기 위함이다.

둘째, 기술에 대한 정보를 제공하여 기술이용의 기회를 준다. 공개된 출원 기술을 보고 기술을 필요로 하는 기업에서 연락이 올 수 있다. 곧 "이러한 기술이 출원되었습니다. 해당 기술은 우리에게 독점적 사용권한이 있습니다. 기술을 사용하려면 우리와 접촉하시면 됩니다"라는 마케팅 수단이 된다. 참고로 기술이전은 등록된 특허뿐만 아니라 출원 중인 특허도 가능하다.

그런데 특허는 출원일로부터 18개월이 지나기 전에는 공개할 수 없는 것일까?

공개가 가능하다. 조기공개신청을 하면 된다. 조기공개신청서를 제출한 날로부터 약 1~2개월 후에 출원공개가 된다. 유의할 점은 조기공개신청을 했다고 해서 특허의 심사가 빠르게 이루어지거나 하는 것은 아니라는 점이다.

특허출원 중인 발명을 제삼자가 침해하고 있는 경우 조기공개를 신청하고 경고장을 발송하여 통상의 실시료를 청구할 수 있는 권리를 확보할 수도 있다.

특허를 출원하더라도 심사관이 출원된 모든 특허를 심사하지는 않는다. 출원인이 심사를 청구한 특허에 대해서만 심사를 한다. 심사 후 특허로서 인정이 되면 특허등록이 이루어지고, 특허로서의 자격이 없는 발명은 특허거절결정이 내려진다.

이 과정에서 수많은 중간사건이 발생한다. 중간사건이란 중간에 이루어지는 보정 절차를 말한다. 심사관은 심사 도중에 특허로서 자격이 완벽하지 않을 경우 해당 발명에 대해 보완하라는 취지의 의견을 공적 문서로 제시한다. 이것을 중간명령(문건에는 '의견제출통지서'라고 쓴다)이라고 한다. 곧 이러한 점을 보완하면 특허로서 자격이 있으니 보완해서 다시 내라는 것이다.

그러면 왜 심사관은 심사청구를 한 발명에 대해서만 심사를 할까? 그 이유는 다음과 같다.

첫째, 모든 출원에 대해 심사를 할 경우 심사관 1인당 처리해야 할 심사가 너무 많아서 심사 절차가 지연될 수 있다.

둘째, 모든 기술이 등록을 위한 준비 절차가 진행되어 있지 않다. 가령 적용분야가 확정되지도 않은 원천기술 같은 경우, 일단 출원을 진행해놓고 심사청구를 유보하여 권리의 확정에 대한 시간을 확보함으로써 기술에 대한 방어를 할 수 있다.

셋째, 출원과 동시에 심사를 청구할 경우 출원 비용의 증가, 보정 기회의 감소, 국내우선권 또는 분할출원 기회의 감소, 해외출원기간 단축 등의 문제점이 발생할 수 있다.

실체심사

심사청구는 출원 후 3년간 하지 않으면 출원이 없었던 것으로 간주한다. 곧 취하간주 한다. 3년 이내에 심사청구를 하면 본격적 발명의 특허성 심사인 '실체심사' 단계로 나아간다.

실체심사는 간단히 말해 특허요건을 모두 갖추었는지 심사하는 것이다. 특허요건은 특허법 제29조에 규정되어 있다. 특허법 제29조는 특허법에서 가장 중요한 조문이다.

> 산업상 이용가능성: 산업상 이용이 가능한지?
> 신규성: 새로운 기술인지? 공개된 기술은 아닌지?
> 진보성: 종래 기술보다 혁신적으로 나아진 것이 있는지?

특허가 산업상 이용이 가능하고 신규성을 확보하고 있으며 진보성이 있는 경우 특허로서 자격을 갖추게 되어 특허등록이 가능해진다.

실체심사 절차는 다음과 같다.

> 발명의 내용 파악
> 선행기술조사
> 특허성 판단

심사관은 심사청구가 된 발명의 최종명세서를 확인하여 명세서에 기재된 사항을 바탕으로 내용을 파악한다. 어떠한 기술인지를 알아보는 절차이다(발명의 내용 파악).

선행기술조사는 출원 발명과 유사한 자료가 있는지 알아보는 절차이다. 국내외 특허문헌을 비롯해 논문, 저널 등 비非특허문헌까지 전체적으로 조사한다.

그런 다음 조사 결과를 가지고 산업상 이용가능성, 신규성, 진보성을 종합적으로 판단하여 특허등록 여부를 결정한다. 특허로서 인정이 된다면 특허등록결정, 안 된다면 특허거절결정을 한다.

대부분의 특허거절 이유는 '진보성 없음'이다. 곧 "특허법 제29조 제2항에 따른 ~~~"이 없다고 거절 사유가 내려진다면 바로 진보성이 없다는 뜻이다.

진보성은 종래의 기술보다 뭔가 나은 것이 있어야 한다는 것인데 이를 인정받기가 결코 쉽지 않다. 진보성은 특허제도에 있어서 가장 이슈가 되는 분야이다.

특허거절 이유: 진보성 없음

이 출원의 특허청구범위의 청구항 전항에 기재된 발명은 아래와 같이 그 출원 전에 이 발명이 속하는 기술분야에서 통상의 지식을 가진 자가 용이하게 발명할 수 있는 것이므로 특허법 제29조 제2항에 따라 특허를 받을 수 없습니다.

등록이 거절된 경우에는 어떻게 해야 할까? 발명을 포기해야 할까? 거절 사유를 보완하여 다시 출원 절차를 진행해야 할까?

특허거절결정이 이루어지기 전에 심사관은 거절 사유를 보완하라고 발명자에게 요구한다(이를 '보정명령'이라고 한다). 이때 보완 요구를 담은 문서를 '의견제출통지서'라고 한다. 발명자는 심사관의 의견제출통지서를 보고 발명의 명세서를 보완하여 다시 제출한다.

제출한 명세서가 심사관의 우려를 해소했다면 특허등록이 이루어지고, 해소하지 못했다면 다시 의견제출통지서를 송부하라든지 거절결정이 내려진다.

거절결정에 대응할 수 있는 방법은 다음과 같다.

첫째, 재심사청구이다. 재심사청구는 심사관이 내린 거절결정을 인정할 수 없으므로 다시 심사해달라는 요청이다. 이 경우 보통 재심사를 해도 거절결정에 대한 획기적인 변화(거절 사유의 해소)를 주지 않으면 등록이 되기 쉽지 않다.

둘째, 분할출원이다. 문제점이 있는 부분을 제외하고 나머지 부분에 대해서 심사를 청구하면 등록 확률이 그만큼 높아진다. 다시 말하자면 등록 가능한 항과 거절 사유가 있는 항을 분할함으로써 거절결정을 극복하는 것이다.

특허와 실용신안의 차이

구분	특허	실용신안
정의	기술적 사상의 창작으로 고도한 것	기술적 사상의 창작(고도할필요 없음)
보호대상	발명	고안
등록요건	산업상 이용가능성 진보성 신규성	특허권과 같음 단, 진보성의 정도 낮음
보호기간	출원일로부터 20년	출원일로부터 10년

셋째, 한 단계 낮은 실용신안이다. 실용신안은 특허와 유사하나 등록되기가 좀 더 쉽다는 점에서 차이가 있다. 실용신안은 특허의 정의인 발명 중 '자연법칙을 이용한 기술적 사상의 창작으로 고도한 것'에서 '고도한 것'이 빠지기 때문이다. 다만 존속기간이 특허가 20년인 데 비하여 실용신안은 10년이라는 점에서 단점이기는 하다. 특허 – 발명, 실용신안– 고안으로 정의한다. 고안은 곧 자연법칙을 이용한 기술적 사상의 창작이다. 고도한 것이 빠져 있다.

넷째, 특허등록 포기이다. 심사관의 거절 사유를 인정하고 깔끔하게 특허등록 절차를 포기하면 된다.

다섯째, 법적 도움을 받는다. 곧 거절결정에 대한 공인된 제삼자의 판단을 구하면 된다. 이를 거절결정불복심판청구라고 하는데, 특허심판원에서 담당한다. 여기서 취소 심결이 나올 경우 심사관은 다시 심사를 시작해야 하고, 기각 심결이 나올 경우 특허법원에 소송을 제기할 수 있다. 특허법원에서도 인정받지 못할 때에는 대법원에서 최종 판단을 하며 이로써 확정짓게 된다.

특허는 일반적으로 출원해서 등록까지 2년 가까이 소요된다. 짧다면 짧은 기간이지만 길다면 길 수도 있는 기간이다. 그래서 일반적인 절차에 의하면 공익이나 출원인의 권리를 적절하게 보호할 수 없는 예외적인 경우만 심사청구 순위와 관계없이 다른 출원보다 먼저 심사할 수 있는 제도를 갖추고 있다. 이를 우선심사라고 한다. 우선심사의 대상은 특허청의 '우선심사의 신청에 관한 고시'에 규정하고 있다.

이것이 핵심이다!

❈ 특허출원 공개의 이유는 중복연구 방지 및 기술정보 제공에 있다.
❈ 특허출원 공개는 18개월이다. 하지만 더 빨리 할 수도 있다(조기공개신청).

내 특허가 등록된다고?
- 특허등록 이후의 절차

방식심사 – 출원공개 – 실체심사 – **특허결정** – 등록공고

특허가 등록결정이 되면 등록수수료와 연차료(특허유지비용) 3년 치를 납부하고 특허증을 발급 받는다. 특허증에는 특허등록번호가 부여되며 '10-0000000'으로 표시된다. 여기서 10은 특허를 말하고 0000000은 7자리 일련번호를 의미한다.

특허가 등록되면 국가에서 공인한 재산권으로서 인정받을 수 있다. 곧 출원인의 무형적 재산권인 지식재산권이 되어 출원일로부터 20년간 독점적인 보유·사용권한을 국가로부터 부여 받는다.

특허등록의 핵심은 시장에서 독점적 권한을 부여 받아 기술에 대한 배타적 경쟁력을 확보할 수 있다는 점이다. 특허권의 독점성은 제삼자에게

특허증 예시. 키프리스(www.kipris.or.kr)에서 검색이 가능하다.

는 배타성으로 표현된다. 정당한 권한이 없는 제삼자의 침해에 대하여 침해금지, 손해배상, 부당이득반환을 청구할 수 있고, 형사적 제재를 가할 수도 있다.

특허권은 무형의 재산권으로서 유형의 재산권(부동산, 동산 등)과 마찬가지로 자유로운 처분이 가능하다. 전체 또는 그 일부를 제삼자에게 양도할 수도 있다.

한편 특허권은 특허권자가 이를 보유한 채, 특허권을 기초로 하여 제삼자에게 해당 기술을 실시할 수 있는 권한을 설정하거나 담보를 제공하는 등의 방식으로 재산적 이익을 꾀할 수도 있다. 이를 '기술이전'이라고 부른다고 이미 설명한 바 있다.

실무를 담당하면서 느끼는 점은 사람들이 지나치게 특허등록에 주안점을 둔다는 사실이다. 특허등록률이 60~70퍼센트 수준인 점을 고려하더라도 등록에 너무 치중한 나머지 다른 것들을 놓치는 것이 아닌가 하는 우려감이 든다.

특허는 청구항Claim을 잘 작성하여 내 권리를 확실히 보호하고 특허를 활용한 산업화를 잘할 수 있는 '강한 특허Strong Patent'를 만드는 것이 중요하다. 설사 특허로 등록되더라도 '회피설계'가 가능하거나 언제든지 무효화될 수 있는 특허라면 그 가치가 많이 떨어질 수밖에 없다.

이것이 핵심이다！

✦ 등록된 특허는 모든 사람에 대한 배타적 독점적 권리를 부여 받는다!

특허는 들고만 있어도 돈이 든다!

- 특허료(연차료)

특허의 유효기간은 얼마나 될까? 출원일로부터 20년간이다. 그런데 출원 후 등록까지 보통 2년 가까이 소요되므로 특허는 등록 후 대략 18년의 존속기간을 가진다고 볼 수 있다.

특허등록 시 특허청에 등록수수료를 납부하는데, 등록 후 3년 치의 연차료도 같이 납부한다. 그리고 4년 차부터는 20년 차까지 해당 연도에 '특허 보유에 대한 대가'를 매년 납부해야 한다. 이를 연차료Annual Fee라고 부른다.

사실 엄밀하게 말하자면 연차료는 정확한 표현이 아니다. 특허료란 표현이 더 적절하다. 하지만 특허료라고 하면 특허출원·등록과 관련한 다른 비용과

> **특허료 지급 근거**
>
> 특허법 제79조(특허료) ❶ 특허권의 설정등록을 받으려는 자는 설정등록을 받으려는 날부터 3년분의 특허료를 내야 하고, 특허권자는 그다음 해부터의 특허료를 해당 권리의 설정등록일에 해당하는 날을 기준으로 매년 1년분씩 내야 한다.

구분하기 어렵기 때문에 실무에서는 연차료란 표현을 많이 쓰고 있다.

연차료란 말 그대로 특허를 유지하기 위해 소요되는 비용으로 특허유지료라고 할 수 있다. 곧 특허를 유지하기 위해 특허청에 납부하는 비용이다. 그러면 특허청은 왜 연차료를 부과하는 것일까?

앞서 설명한 대로 특허는 재산권이다. 우리가 집을 보유하면 집에 대한 재산세(토지분, 건축물분)를 내고, 자동차를 보유하면 자동차세를 내듯이 특허도 재산권이므로 이에 대한 세금을 나라에서 부과한다. 이것이 바로 특허를 보유함으로써 납부하는 연차료이다.

부동산에 대한 세금은 공시지가로 산정하며, 자동차세는 배기량에 연차를 감가하여 산정한다. 연차료는 특허 청구항 수와 특허등록 연차를 기준으로 산정한다. 특이한 것은 자동차세와 다르게 보유할수록 그 금액이 올라간다.

특허는 등록 3년 이후부터 매년 개별 특허에 대한 연차료가 부과된다. 이는 산업통상자원부령인 '특허료 등의 징수규칙'에 규정하고 있다. 곧 4년 차부터 특허료(연차료)를 별도로 납부해야 한다. 기본료에 청구범위 1항마다 일정 금액을 가산하도록 납부 체계가 되어 있다. 오래된 특허일수록, 청구항이 많을수록 납부액이 커진다. '특허료 등의 징수규칙' 별표 1에 연차료 계상 방법이 나와 있다.

연차료 = 기본료 + 청구항 1항당 일정액

연차가 올라가면 기본료, 청구항 당 일정액이 모두 오르는 구조

연차료 계상 방법

연차	금액
1~3년	15,000원 + 청구범위의 1항당 13,000원
4~6년	40,000원 + 청구범위의 1항당 22,000원
7~9년	100,000원 + 청구범위의 1항당 38,000원
10~12년	240,000원 + 청구범위의 1항당 55,000원
13~25년	360,000원 + 청구범위의 1항당 55,000원

특허료가 등록 후 매년 납부 금액이 올라가는 이유는 간단하다. 특허를 활용하고 있다면 활용에 대한 대가를 부담하는 것은 당연한 일이다 (이를 '수익자 부담의 원칙'이라고 한다).

하지만 특허를 활용하고 있지 않다면 누구나 쓸 수 있도록 기술사용을

매년 수백억 원씩… 기업들, 특허유지에 허리 휜다

특허 전쟁에 대비해 국내 기업들이 쌓아놓은 특허의 등록·유지·보수 비용이 기하급수적으로 증가하고 있다. 특허등록은 특허 관리의 시작에 불과하다. 특허를 받은 다음 특허 당국에 매년 특허유지비용을 내야 한다. 오래전 등록한 특허일수록 더 많은 돈을 내야 한다. 일종의 누진제다.

국내 최다 특허 보유 업체(국내외 10만 3,000건)인 삼성전자의 경우 작년 특허 등록·유지에만 1000억 원에 가까운 돈을 쓴 것으로 알려졌다. 국내외 특허 8만여 건을 보유한 LG전자 관계자도 "정확한 금액을 밝힐 수는 없지만, 특허유지에 쓰는 돈이 매년 수백억 원"이라고 말했다. SK하이닉스도 특허 등록·유지에 매년 300억 원 정도를 쓴다.

_ 기사 요약발췌

공개하라는 것이다. 쓰지도 않는 특허를 '내 것!'이라고 주장만 할 게 아니라 널리 공개하여 활용케 함으로써 특허법의 본래 취지인 산업발전에 이바지하라는 뜻이다. 곧 간접 압박을 통해 특허공개를 강제하려는 취지에서 시간이 지날수록 연차료가 올라가는 체계를 취했다.

특허유지비용은 쓰지 않는 특허를 대중에게 공개하도록 강제하는 기능을 가지고 있다. 실제로 이러한 점 때문에 특허가 많이 공개되고 있기도 하다. 앞의 기사에서 보다시피 삼성전자와 같은 대기업은 엄청나게 많은 특허를 보유하고 있다. 따라서 이를 유지하기 위한 비용도 1년에 수백억 원 이상 소요되고 있다.

지금은 많은 기관이 특허유지비용이 부담스러워 미활용 특허에 대한 정리를 꾸준히 시행하고 있다. 이를 휴면특허Dormant Patent 혹은 장롱특허 정리라고도 한다. 휴면특허의 기준은 제각각이지만 보통 등록 후 5년 이상 미활용특허를 휴면특허로 분류한다.

과기정통부 산하 출연연 특허… 10개 중 7개 '장롱특허'

국회 과학기술정보방송통신위원회 소속 ○○○ 의원은 25일 최근 5년간 과기정통부 소관 24개 출연(연)에서 출원한 특허는 3만 6,166건에 달했으나 기술이전된 특허는 1만 2,740건으로 35%로 10건 중 7건은 사장될 우려가 있다고 지적했다.

○○○ 의원은 "성과위주 특허출원으로 국민혈세와 인력이 낭비되지 않도록 출연(연)의 특허출원에 대한 면밀한 사전평가와 기술이전율 향상을 위한 대책 마련이 필요하다"고 밝혔다.

_기사 요약발췌

휴면특허에 대한 정의는 기관별로 제각각이다. 유의할 것은 등록된 지 10년 이상 된 특허가 모두 쓸데없는 쓰레기특허Garbage Patent라는 것은 아니며, 신규특허라고 해서 우수한 특허라고 볼 수도 없다는 점이다. 특허마다 개별적으로 판단을 해야 한다.

휴면특허 정리를 수행하며 느낀 점은 과연 5년이 지난 미활용특허를 정리하는 것이 타당한가 하는 것이다. 기술이 개발되고 사업화하기까지 기간은 기술마다 다르다. 이를 획일적인 기준으로 정리하는 것만이 능사가 아니라는 생각을 하였다. 간혹 10년이 지난 특허도 기술이전이 되는 것을 보며 더욱더 그러했다. 후속 연구를 위하여 특허를 보유하는 경우도 있다.

최근에는 특허료(연차료) 납부를 대행하는 회사들이 많이 생겨났다. 특허를 많이 보유한 기관들은 특허유지비용을 분기별로 정확히 납부하기 어렵다. 또한 휴먼에러Human Error(사람의 실수)로 특허유지비용을 납부하지 않아 특허가 소멸하는 일이 비일비재하게 발생한다. 따라서 특허연차료 납부를 대행해주는 기업에 의뢰하는 것도 좋은 방법이다. 이를 통해 휴먼에러를 줄이고 안정적인 특허유지를 할 수 있다.

이외에 청구항 감축(이른바 '특허 다이어트')으로 연차료 비용을 절감하는 방법도 시도해볼 만하다. 청구항 감축이란 등록된 특허의 청구항 중 필요한 것과 필요 없는 것을 구분하여 청구항을 정리하는 것을 말한다. 이러한 작업은 상당한 지식과 경험을 가진 사람의 섬세한 손길이 필요하므로 외부전문가에게 맡기는 것이 좋다.

이것이 핵심이다!

- 특허를 보유하려면 매년 보유 비용(연차료)을 납부해야 한다.
- 장롱특허 정리는 기간으로만 해결할 문제가 아니다!

나라마다 출원해야 한다고?
- 해외출원

특허는 속지주의屬地主義적 성향을 갖는다. 다시 말해서 국내에 특허가 출원되면 그 효과가 우리나라 안에만 미치고 외국에까지 미치지 않는다. 곧 중국에서 만든 모방품은 우리나라 특허를 가지고 소송을 제기할 수 없다.

왜 특허등록의 효과는 해당 국가에만 미치고 타 국가에는 미치지 않을까? 이는 특허가 기술보호와 밀접한 관련이 있기 때문이다. 각 나라는 자국의 기술을 보호하기 위하여 개별적 특허관리 체계를 가지고 있다.

최근에는 특허협력조약PCT, 특허법조약PLT 과 같이 특허 취득 절차를 간편화·공통화하기 위한 시도가 이루어지고 있지만, 여전히 특허는 자국산업 보호를 위한 국가별 관리 체계가 더 강하게 작용하고 있다. 결국 특허가 필요한 나라마다 개별적으로 특허를 출원하는 수밖에 없다.

그런데 이는 권리보호나 권리확보 차원에서 그다지 바람직하지 못하다. 연구개발 성과가 우수한 나라에 특허출원된 것을 보고 재빠르게 타인이 먼저 자국에서 출원해버리면 우선권이 먼저 출원한 자에게 돌아가기 때문이다. 이러한 점을 막기 위해 다음과 같은 제도를 두고 있다.

1. 파리협약

파리협약Paris Convention for the Protection of Industrial Property은 위에서 언급한 문제점(해외 우수특허를 베껴서 자국에 출원하는 것)을 해결하기 위하여 1883년에 파리에서 조인한 협약이다. 파리조약이라고도 한다. 우리나라는 1980년에 가입하였으며, 가맹국은 약 170여 개국이다. 이 조약은 산업재산권을 국제적 차원에서 보호하기 위하여 만들었다.

파리협약에서 중요한 것은 '특허독립의 원칙'의 천명이다. 곧 특허는 국가별로 독립하여 운영된다는 것이다. 국내에 특허를 출원할 경우 미국에는 영향을 미치지 아니하며, 유럽에도 영향을 미치지 아니한다. 그렇다면 아까 제기한 문제는 해결되지 않기 때문에 '우선권 제도'라는 것이 본 협약에 도입되었다.

우선권제도는 해외출원에 있어서 매우 중요한 개념이다. 이는 우리나라에 출원한 자가 출원일로부터 12개월 이내에 타국에 출원할 경우 우리나라에 출원한 날을 타국에 출원한 날로 본다. 다시 말해 국내출원일로부터 12개월 이내에 해외에 출원하면 소급하여 해외출원일을 국내출원일로 간주한다.

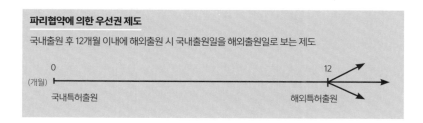

파리협약에 의한 우선권 제도

국내출원 후 12개월 이내에 해외출원 시 국내출원일을 해외출원일로 보는 제도

파리협약에서 보호하고자 하는 것은 국내특허를 해외에 출원할 때 우선권을 준다는 점이다. 외국에 출원 시 번역문을 제출해야 하는데, 이러한 절차에 많은 시간이 소요되는 점을 고려하여 출원인에게 발생할 수 있는 불이익을 해소해주는 것이다.

2. PCT 출원

PCTPatent Cooperation Treaty 출원은 국제특허출원이라고 부른다. 엄밀하게 국제특허란 말은 없다(특허등록은 각 국가별로 모두 개별적으로 이루어진다). 국제특허출원만 있을 뿐이다.

PCT 출원은 UN 산하의 세계지적재산권기구WIPO: World Intellectual Property Organization에서 관장한다. 여기에 출원하면 PCT 조약에 가입된 전 세계에 출원한 것과 동일한 효과를 가져온다. 대신 각 나라에 번역문(비영어권 국가에 제출할 경우)이나 통지서(영어권 국가에 제출할 경우)를 내야 하며, 심사 과정은 국가별로 진행한다. PCT 출원은 우리나라 출원일로부터 30개월 이내에 해당 국가에 출원하면 우리나라 출원일을 최초 출원일로 인정해준다.

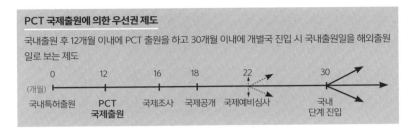

PCT 국제출원에 의한 우선권 제도

국내출원 후 12개월 이내에 PCT 출원을 하고 30개월 이내에 개별국 진입 시 국내출원일을 해외출원일로 보는 제도

(개월)	0	12	16	18	22	30
	국내특허출원	PCT 국제출원	국제조사	국제공개	국제예비심사	국내 단계 진입

다시 말해 파리협약은 우리나라에서 출원한 후 12개월 안에 외국에 출원할 경우 우리나라 출원일을 외국 출원일로 인정해주지만, PCT 출원은 30개월 안에 외국에 출원하면 되기 때문에 기간이 늘어난다. 외국에 출원할 수 있는 충분한 시간이 확보되는 셈이다. 이 30개월의 시간 동안 어느 나라에 출원을 할지 충분히 고민하고 개별국 출원을 하면 된다.

결론적으로 PCT 출원은 개별국 출원을 위한 시간을 벌어주기 위한 기술적 장치에 불과하며, 실질적으로 우리가 말하는 출원이라고 보기에는 다소 무리가 있다. 단지 국내출원일을 해외출원일로 인정받기 위한 기술적인 방법에 불과하다.

특허등록을 위해서는 특허를 받고자 하는 국가에 개별적으로 번역문이나 통지서를 제출하여 심사청구를 하여야 한다. 이를 '개별국 진입'이라고 부른다. PCT 출원을 하면 국제 단계를 거쳐 국내 단계(개별국 진입)로 진입하게 된다.

국제 단계는 다음과 같이 구분한다.

국제조사, 국제공개 및 국제예비심사

해외출원을 하고자 하는 출원인의 입장에서 보면, 국제출원 절차의 통일성 덕분에 한 번 PCT 출원을 한 것만으로 각 지정국에서 직접 출원한 것과 동일한 효과를 누릴 수 있어 시간과 비용을 절약할 수 있다.

또한 PCT 출원 이후 국제 단계에서 국제조사기관의 국제조사보고서, 국제예비심사기관의 국제예비심사보고서에 따라 등록가능성이 낮다고 판단되거나, 각 지정국의 시장이 성숙하지 않았다고 판단되는 경우 PCT 출원을 취하하거나 각 지정국의 국내 단계에 진입하지 않을 수 있으므로 더 이상의 불필요한 절차를 생략할 수 있다.

우리나라에서는 연구성과 실적 인정에서 PCT 출원을 출원실적으로 인정해주는 경우가 많다. 하지만 그것보다는 개별국 진입 시 이를 해외출원 실적으로 인정해야 한다고 생각한다. 앞서 말했듯이 PCT 출원은 엄밀한 의미의 출원이 아니고 실질적 출원(개별국 진입)을 위한 사전 절차에 불과하기 때문이다.

해외출원, 꼭 해야 할까?
-해외출원 여부의 문제

　해외출원은 많은 비용과 시간이 소요된다. 특히 비용적 측면에서 상당한 부담으로 작용한다. 하지만 그럼에도 해외출원은 지속해서 증가하고 있다. 기술에 대해 국경이 없어지고 기술전달속도가 빠르게 변화함에 따라 해외에서 출원하는 것이 자연스러운 일이 되어가고 있다.

　해외출원이 늘고 있는 이유는 무엇일까?

　첫째, 해외에서 기술을 실시하기 위해서이다. 해당 국가에서 국내에서와 동일한 제품을 독점적으로 판매하기 위해서는 해당 특허를 확보할 필요가 있다. 해당 국가에 국외기술이전을 하고자 할 경우도 마찬가지다.

　둘째, 해외에서 타 기업이 특허를 침해하지 못하게 하기 위해서이다. 국내특허가 공개될 경우(출원 후 18개월 이후 공개) 해외에서 도용할 수 있으므로 이를 방지하기 위하여 출원을 한다.

셋째, 국내특허의 우수성을 증명하기 위해서이다. 보통 해외에서 출원된 특허라고 하면 특허성이 매우 우수할 것이라는 기대가 생기기 마련이다. 이러한 점을 노려 해외에 특허를 출원한다.

넷째, 특허괴물Patent Troll의 소송을 피하려는 목적이 있다. 특허괴물이란 우수한 특허를 소유자로부터 매입한 후 해당 기술을 사용하는 기업들에 무차별적으로 소송을 제기하여 합의금 장사를 하는 기업을 말한다. 이러한 기업에 소송을 당하면 엄청난 피해(망하는 기업도 있다)를 가져올 수 있으므로 이를 막기 위하여 해외출원을 하는 경우다.

이외에도 연구실적에 대한 점수를 얻기 위해(과제평가, 개인평가 등) 하는 경우가 있다.

어쨌든 해외특허출원 여부는 특허의 가치, 필요도, 비용적 측면 등을 종합적으로 고려하여 신중하게 결정해야 한다. 보통 해외출원 시 국가별로 차이가 있기는 하지만 등록까지 건당 1,500만 원에서 2,000만 원이 소요된다. 국내대리인 비용에 해외대리인 비용, 번역료, 관납료 등 국내출원과 비교할 때 소요되는 비용이 훨씬 크다. 해외특허출원 여부를 결정할 '내부심사 체계' 마련 및 자금 사정이 열악한 중소기업의 해외특허출원 지원제도가 절실하다.

1. 해외특허에 대한 '내부심사 체계' 마련의 필요성

해외출원 시 각 기관(기업)은 출원 여부를 내부적으로 심사하는 체계를 가지고 있다. 가령 '발명 인터뷰'나 '특허에 대한 평가'를 통해 특허를 분

해외특허출원 평가(예시)

해외특허출원 여부에 대한 평가를 시행한 뒤 아래와 같이 등급을 나눠 출원 여부를 결정한다.

등급	출원국가	판단 기준
S	국외 3개국 이상	해외 3개국 이상 출원 가능한 원천물질 특허
A	국외 2개국	해외 2개국 출원 가능한 중요 특허
B	국외 1개국	해외 1개국 출원 가능한 개량 특허
C	국내출원	국내출원만 진행하는 일반 특허
D	미승계	국내·외 출원이 불가한 특허

류하여 해외출원을 할 수 있는 특허를 정한다.

이러한 절차가 필요한 이유는 앞서도 말했듯이 비용 발생이 상당하기 때문이다. 지식재산권 관리비용이 충분하다면 별 문제될 것이 없다. 하지만 특허 관련 비용을 무한정 집행할 수 없기 때문에 해외출원 예정특허를 선별하여 우수한 특허만을 출원해야 한다.

우리가 흔히 쓰는 '3극 특허Triad Patent Families'라는 말은 전통적인 지식

출연연, 3극 특허 등 우수특허 비율 하락세

정부 예산으로 운영되는 정부출연연구기관이 출원·등록하는 특허 중 미국·일본·EU의 특허청에 모두 등록되는 '우수특허'의 비율이 최근 5년간 하락세를 보였다. 미국과 일본·EU의 특허청에 모두 등록된 '3극 특허' 비율의 하락률은 더 심각했다. 3극 특허는 전통적인 지식재산 강국이자 선두그룹인 미국, 일본, EU의 특허청에 모두 등록된 특허로, 특허의 우수성을 보여주는 지표다.

_기사 요약발췌

재산 강국인 미국, 일본, 유럽연합EU에 모두 등록된 특허를 말한다. 3극 특허는 특허의 우수성을 보여주는 지표로 활용되고 있다. 최근에는 우리나라와 중국이 포함되어 '5극 특허'란 말까지 나오고 있다.

2. 중소기업 해외특허 지원제도 마련의 필요성

자금 사정이 열악한 중소기업은 기술을 개발해도 해외특허를 확보하기가 쉽지 않다. 천문학적인 비용을 지불할 여력이 되지 않는 곳이 대부분이기 때문이다.

가령 동일 분야에서 대기업과 중소기업이 기술로 경쟁하는 시장이 있다고 치자. 대기업은 관련 특허를 전 세계적으로 수백 건 확보하여 제품을 보호하고 판매 활로를 개척할 수 있다. 이에 비해 중소기업은 자금력 부족으로 국내특허 몇 건만 출원하는 일이 비일비재할 수밖에 없다.

이 같은 불공평을 막기 위하여 한 나라에서 특허를 취득하면 전 세계에서 통용될 수 있는 '세계특허제도'를 창설하자는 움직임이 있었다. 하지만 각국의 이해관계, 특허제도 관계인들의 이익 보호 등으로 당장 실현되기는 어려운 상황이다.

글로벌 시대에 중소벤처기업들은 전 세계를 시장으로 보고 활동해야한다. 특히 좋은 기술은 상품을 시장에 출시하기 전에(아니면 적어도 동시에) 특허출원을 해야 한다. 따라서 정부에서는 비용이 없어 해외에 우수특허를 출원하지 못하는 상황이 발생하지 않도록 지원제도를 마련해야 한다. 기업 또한 지원제도를 잘 활용해야 한다.

이 특허를 어느 국가에 출원해야 할까?
- 해외출원 대상 특허 선별 문제

특허 업무를 담당하면서 해외출원에 대한 문제는 항상 골칫거리였다. 필자가 업무를 처음 맡았을 당시 연구소의 특허출원 체계는 거의 유명무실했다. 해당 기술을 개발한 연구자가 원할 경우 가급적 연구자의 의견을 존중해 해외출원을 진행했다.

또한 연구개발의 결과물은 보통 과제 종료 직전이나 종료된 이후 '권리화 작업'을 해서 늘 비용 부족의 문제가 발생하였다. 그나마 유사한 후속과제라도 있으면 다행이지만 그렇지 않은 경우 특허비용을 지불할 방법이 없었다.

이 때문에 다음과 같은 고민이 머리에서 떠나지 않았다.

1. 이 특허를 과연 해외에 출원해야 하는가?

2. 해외에 출원한다면 과연 어느 나라에 해야 하는가?

3. 해외특허 심사 체계를 현실화할 수는 없을까?

과거에는 이러한 판단에 앞서 '중요하다고 생각하는 핵심특허'는 일단 미국, 일본, 유럽에 출원하고 보는 것이 법칙이었다. 이들이 차지하는 세계 GDPGross Domestic Product 점유율이 절반 이상이었기 때문이다.

최근 이러한 상황이 크게 바뀌었다. 브릭스BRICS로 대변되는 브라질, 러시아, 인도, 중국, 남아공 그리고 대한민국의 GDP 점유율이 크게 증가하고 이 국가들의 특허제도가 제대로 작동하기 시작했다. 여기에 신흥 아세안 국가(베트남, 태국, 필리핀 등)의 약진으로 특허제도의 근본적 정비가 필요한 상황에 이르게 되었다.

이제 GDP와 특허제도의 운영상황을 보고 출원국가를 기계적으로 선택하던 시대는 저물고 있다. 지금은 어떤 방식으로 해외출원을 할 것인가에 대한 다양한 방법론이 제시되고 있다.

『기술전쟁에서 이기는 법』의 저자 사메지마 마사히로 교수는 출원국가를 결정할 때 다음의 3가지를 고려하라고 조언한다.

1. 경쟁사의 생산국가 그리고 시장국가에 출원하라

특허는 기술공개에 대한 대가로 독점적 사용권을 보장 받고 대외적으로는 배타적 사용권을 갖는다. 그렇다면 경쟁사의 생산국에서 특허를 출원한다면 경쟁사의 제품 생산에 영향을 미칠 것은 분명하다.

가령 메모리 반도체 경쟁국인 대만에 SK하이닉스가 개발한 기술을 출원하는 것이다. 이렇게 하면 대만의 반도체 경쟁사는 함부로 SK하이닉스의 기술이 적용된 제품을 생산할 수 없게 된다. 또한 경쟁사의 제품이 경쟁하는 시장에 특허를 출원하면 경쟁사의 영업을 제한하고 시장지배력을 강화할 수 있는 계기가 된다.

예를 들어 다음과 같이 가정해보자.

경차의 생산, 조립, 시장국가 출원 여부

구분	국가명	해당 사항	특허출원
부품 생산국	필리핀	생산국가	○
부품 조립국	중국		○
시장	일본	시장국가	○
	인도		○

위의 경우 우선 경차를 생산·조립하는 필리핀과 중국에 특허를 출원하고 다음에 제품시장인 일본, 인도에 특허를 출원한다. 이렇게 하면 일본, 인도에서 해당 기술이 적용된 경차를 판매할 수 없으므로 앞서 말한 것처럼 경쟁사의 영업을 제한하고 시장지배력을 강화할 수 있다.

2. 전전유통형 제품 VS 거치형 제품

전전유통형 제품은 조립단계별로 국가가 달라지는 제품을 말한다. 곧 부품 – 반제품 – 완제품으로 국가를 달리하며 제작되는 제품이므로 최종 완제품의 생산국가에서만 특허를 취득해두면 된다. 어차피 부품이나 반제품 생산국가에서는 그 상태로 제품을 판매할 수가 없기 때문에 완제품을 만드는 국가에만 특허출원을 한다. 이 경우 완제품에 대한 침해를 주장함으로써 시장을 어느 정도 제어할 수 있다.

거치형 제품은 완제품을 제작하여 수출하는 형태이다. 이때 출원국가는 어떻게 해야 할까? 생산국가뿐만 아니라 시장국가에도 두어야 하는 것은 이미 1번에서 설명했다. 여기에 추가로 발주국가에도 특허를 출원해야 한다. 제품을 발주하는 국가에서 거치된 제품을 활용하여 제품을 생산할 수 있기 때문이다.

발주국가가 많을수록 그 수만큼 출원하는 것이 좋다. 제품을 구매하는 국가들에 특허를 출원하지 않으면 대응이 어려워지므로 불가피하게 출원국가가 늘어날 수밖에 없는 구조이다.

3. 생산법인이 있는 현지에서 특허출원하라

최근 기업의 생산공장이 중국, 동남아국, 인도 등 현지법인으로 많이 이동하고 있다. 따라서 이 국가들에 특허출원을 해놓아야 경쟁사의 제품 생산을 막을 수 있다. 이는 현지법인의 매출을 모기업에 이동시키기 위한 명목으로도 작용한다. 곧 현지법인에서 모기업으로 자금이동 시 '특허' 라이선스에 대한 로열티 개념으로 이동한다. 이런 목적을 위해서라도 생산국에 특허출원이 필요하다. 향후 공장을 다른 곳으로 이전할 수도 있다는 점까지 잘 고려하여 특허를 출원해야 한다.

피할 수 없는 특허기술
- 표준특허

요즘 들어 "표준특허를 많이 확보해야 한다", 심지어는 "표준특허를 많이 확보한 나라가 앞으로도 계속 강대국이다"라는 말이 심심찮게 나돌고 있다. 왜 이런 현상이 일어날까?

그 이유는 표준특허를 정확히 이해하면 잘 알 수 있다. 표준특허란 '회피설계'가 불가능해 해당 기술을 이용하지 않고는 관련 제품을 생산하기 어려운 특허를 말한다. 말 그대로 '표준이 되는 특허'이다.

표준특허는 다른 말로 '필수특허'라고도 한다. 한마디로 국제적으로 정해진 기준에 맞춰 제품을 만들거나 서비스를 제공하고자 할 때 '반드시 이용하는 특허'를 일컫는다.

> **표준특허의 정의**
>
> 표준특허Standard Patent란 ISO 등 표준화기구에서 정한 표준규격을 기술적으로 구현해낼 때 필수적으로 실시해야 하는 특허를 말한다. 곧 해당 특허를 침해하지 않고는 제품의 생산·판매·서비스를 제공하기 힘든 특허를 말한다.

이해를 돕기 위해 비유해보면 고속도로의 톨게이트와 같다고 할 수 있다. 특정 지역으로 가기 위해서는 해당 톨게이트에 통행료를 내고 지나가야 하듯이 특정 기술을 설계할 때 표준특허로 채택된 방법을 쓰지 않고는 완성할 수 없는 특허이다.

스마트폰을 예로 들어보자. 만약 데이터를 주고받는 방식이 스마트폰을 만드는 회사마다 다르다면 어떻게 될까? 극단적으로 S회사 제품을 쓰는 사람과 A회사, L회사를 쓰는 사람 간에 정보송수신이 불가능할 수 있다. 따라서 정보 송수신 체계는 똑같은 방식을 사용해야 한다. 이렇게 '똑같은 방식'에 대한 특허를 표준특허라고 한다.

어느 회사가 개발한 특허가 국제표준이 되면 이 회사는 표준특허의 보유 사실을 신고해야 한다. 이렇게 신고한 특허가 표준특허가 되는 것이다. 표준특허를 취득한 기업은 자기가 가진 기술이 전 세계에서 사용되기 때문에 수많은 기업으로부터 기술을 사용하는 대가로 기술료(로열티)를 받을 수 있다.

세상에는 두 가지 기업이 있다. 표준특허를 가진 기업과 표준특허를

표준특허의 지정

전 세계 기업들이 공통으로 사용할 특허는 어디서 정할까? 공인된 국제기구에서 한다. 그중에서도 이른바 '3대 국제표준기구'라는 곳이 있다. 국제표준화기구ISO와 국제전기기술위원회IEC, 국제전기통신연합ITU이다. IEC는 전기·전자 쪽을 주로 다루고, ITU는 통신기술을 관장한다. ISO는 나머지 대부분 분야의 기술표준을 제정한다. 이외에도 정보기술 표준제정을 담당하는 합동기술위원회JTC란 곳도 있다. 이 4개를 합쳐서 '4대 국제표준기관'이라고 부르기도 한다.

가지지 않은 기업. 표준특허를 가진 기업은 이른바 '그들만의 리그'에서 '필수특허 보유자' 이너서클InnerCircle에 들게 된다. 그들만이 시장진입을 할 수 있다. 이 때문에 표준특허를 얻기 위하여 시장창출 전략, 특허매입(특히 표준특허를 보유한 기업을 인수) 등 다양한 시도가 이루어지고 있다. 2012년 애플의 노텔 특허 매입과 구글의 모토롤라 자회사 인수가 대표적인 예이다.

국제표준화기구에 등록된 표준특허 현황

순위	국가	개수	비율
1	미국	4,338	24.0%
2	핀란드	3,560	19.7%
3	일본	2,637	14.6%
4	프랑스	1,881	10.4%
5	한국	1,788	9.9%
6	독일	976	5.4%
7	네덜란드	792	4.4%
8	캐나다	522	2.9%
9	스웨덴	395	2.2%
10	중국	272	1.5%

[출처: 특허청 2018 지식재산백서]

선진국일수록 표준특허를 많이 가지고 있다. 현재 전 세계에서 가장 많은 표준특허를 가진 나라는 미국이다. 대략 표준특허의 4개 중 1개를 미국이 가졌다고 보면 된다.

우리나라는 세계적으로 특허보유비율에 비해 표준특허비율이 지나치게 낮은 편이다. 따라서 표준특허 창출을 위한 기술개발에 노력하여 우리 기술이 세계 으뜸 기술이 되도록 만들어야 할 것이다. 앞으로 기술 융·복합이 가속화함에 따라 표준특허의 활용이 더욱더 커질 것이기 때문이다.

최근 우리나라에서도 표준특허 강화를 위한 여러 가지 시도를 하고 있다. 특히 한국특허전략개발원에서 '표준특허포털'을 운영하며 표준특허를 활성화하기 위해 애쓰고 있다.

이것이 핵심이다 !

⊛ 표준특허를 많이 가진 나라가 특허 강대국이다.

내가 만들었는데 회사 소유?
- 직무발명

특허와 관련하여 연구자들이 가장 관심을 갖는 분야가 직무발명이다. 바로 직무발명보상금 때문이다(그렇다고 연구자가 돈만 밝힌다는 뜻은 절대 아니다!). 직무발명보상금은 직무발명에 있어서 가장 이슈가 되는 부분이다. 대부분의 사례가 개발한 연구자에게 제대로 보상을 하지 않은 것에서 비롯된다.

그럼 직무발명이 무엇이며 왜 중요한 것인지, 그리고 기술사업화에 있어서 어떠한 의미를 가지는 것인지 차례대로 알아보도록 하겠다.

직무발명의 중요성은 일본의 노벨물리학상 수상자인 나카무라 슈지 교수의 유명한 발언으로 함축하여 표현할 수 있다.

기술자들이여! 일본을 떠나라!

직무발명보상금과 청색 LED 사건

1989년 일본 도쿠시마의 중소기업인 니치아화학공업에 취업한 나카무라 슈지는 불과 3년 뒤인 1992년에 불가능으로 여겨졌던 고휘도 청색 LED를 개발하여 회사 명의로 특허를 출원·등록하였다. 이후 니치아는 청색 LED를 발판으로 중소기업에서 대기업으로 급성장하였지만, 회사는 슈지 연구원에게 고작 포상금 2만 엔과 과장 승진만을 제공했다.

이후 슈지는 2000년에 미국 캘리포니아에 있는 산타바바라대학교 교수로 자리를 옮겼고 곧 니치아를 상대로 직무발명보상금 청구 소송을 제기하였다. 2004년 동경지방재판소는 200억 엔을 지급하라는 판결을 내렸으나 항소심에서 8억 4,400만 엔의 화해 권고 결정이 내려짐으로써 사건은 일단락되었다.

나카무라 슈지 교수는 자신이 다니던 회사에서 청색 LED를 발명했지만 직무발명보상금에 대한 회사의 형편없는 인식 탓에 결국 직무발명소송을 하기에 이르렀다.

나카무라 슈지 교수의 소송 이후 발명자들은 '발명기술의 가치를 적절하게 평가해달라'는 주장을 하게 되었다. 또한 이 사건을 계기로 직무발명제도에 대한 인식을 새롭게 하기 시작했다.

회사를 다니는 회사원이 기술개발을 담당하는 직원이라면 연구개발이 그 직원의 고유한 업무다. 연구개발 결과물이나 연구개발 도중 떠오른 좋은 아이디어가 있으면 이를 정리하여 특허를 출원할 수도 있다. 이때 특허는 기술을 개발한 연구자 명의로 출원해야 할까? 아니면 회사 명의로 해야 할까?

이 같은 문제를 해결하는 것이 바로 직무발명이란 개념이다. 오늘날 직무발명은 기업경영의 중요한 요체로 대두되고 있다. 발명에 대한 권리는 본래 발명을 한 사람의 것임에도 직무발명은 그렇지 않기 때문이다.

직무발명제도는 종업원에게 발명에 대한 인센티브를 부여하고 기업은 그 대가로 발명에 대한 독점적인 권리를 취득하여 발명을 권리화 내지 사업화 하는 제도이다.

직무발명의 주요한 특징은 다음과 같다.

첫째, 발명자 이름으로 출원을 하지 않는다. 곧 기술을 개발한 자와 출원하는 자가 다르다. 기술개발자와 특허명의자가 다르므로 특허출원 시 기술개발자에게 원시적으로 귀속된 기술을 회사로 승계하는 절차를 거쳐야 한다. 이는 발명 건마다 일일이 할 수도 있으나 사전예약승계규정을 둠으로써 해결할 수 있다.

둘째, 특허 소유권자(보통 기업)는 기술개발자에게 기술승계의 대가를 적절한 보상을 통해 지급해야 한다. 이를 직무발명보상금이라고 하는데, 유의할 것은 종업원의 발명이 무조건 직무발명이 되는 것은 아니라는 점이다.

직무발명이 성립되려면 어떠한 조건이 필요할까?

1. 종업원이 발명을 해야 한다.

    2. 종업원의 발명이 성질상 사용자 등의 업무 범위에 속해야 한다.

    3. 발명을 하게 된 행위가 종업원 등의 현재 또는 과거의 직무에 속해야 한다.

위 요건을 하나라도 충족시키지 않으면 직무발명이라 할 수 없다. 그 것은 자유발명에 불과하다. 자유발명은 직무발명에 반대되는 의미로 종업원이 아이디어 도출을 통해 개발한 발명이 사용자의 업무 범위에 속하지 않는 발명을 말한다. 예를 들어 자동차 회사에 다니는 종업원이 식품에 대한 발명을 완성한 경우에 발명이 사용자의 업무 범위에 속하지 않으므로 자유발명이 된다. 자유발명은 발명한 자에게 귀속된다.

사실 '직무발명인가? 자유발명인가?'를 구분하기는 결코 쉽지 않다. 지금은 하지 않는 사업도 나중에 할 수 있기 때문이다.

직무발명에 대한 보상 제도를 직무발명보상제도라고 부른다. 또한 직무발명에 대한 대가로 발명자에게 지급하는 금원을 직무발명보상금이라고 한다. 종업원의 발명을 기업에 승계·소유하도록 유도하고 종업원

우리나라 직무발명 현황

법인에서 개발되는 발명(전체 출원의 80%)의 대부분은 직무발명이다

구분	2012	2013	2014	2015	2016	2017	2018
개인출원	36,940	38,433	39,041	41,972	41,057	41,671	42,510
법인출원	151,975	166,156	171,252	171,722	167,773	163,104	167,482
계	188,915	204,589	210,292	213,694	208,830	204,775	209,992
법인출원 비중	80.45%	81.20%	81.40%	80.40%	80.30%	79.65%	79.75%

[출처: 특허청 2018 지식재산백서]

에게는 직무발명에 대한 정당한 보상을 해주는 것이다.

나카무라 슈지 교수의 예처럼 우리나라 기업들도 발명자에게 너무 인색한 직무발명보상제도를 가지고 있다. 우수한 연구자들의 연구의욕을 고취하고 성과에 따른 대가를 제공한다는 차원에서 직무발명에 대한 적극적인 보상안을 마련할 필요가 있다.

이것이 핵심이다 !

⊛ 직무발명은 개인사업자가 아닌 일정 단체에 소속된 사람에겐 매우 중요한 개념이다!

연구노트, 왜 신경 써야 하는가?
- 연구노트의 중요성

　필자는 연구소에 근무하면서 연구노트의 중요성을 심각하게 생각하지 않았다. 그저 연구자들이 일기日記처럼 가지고 다니는 것 정도로만 이해했다. 하지만 관련 업무를 담당하면서 연구노트에 대한 인식이 완전히 달라졌다.

　연구노트를 지식재산권의 확보에서 논하려는 이유는 이것이 기술개발의 결정적인 증거로서 작용하기 때문이다. 연구노트는 연구 시작부터 연구를 수행하면서 그날그날의 연구와 관련된 모든 내용을 적은 문서이다. 마치 조선시대 사관史官이 기록한 사초史草와 마찬가지로 연구자의 사초에 해당한다고 보면 된다.

　연구노트의 기능은 다음과 같다.

　첫째, 연구노트는 연구자의 연구개발에 대한 증빙 자료이다. 연구자는

기술분쟁 발생 시 연구노트의 중요성을 입증한 사례

미국에서 A연구원은 1997년 1월 10일 본인이 개발한 기술을 특허출원·등록하였다. 그러자 타 연구소의 B연구원도 같은 해 2월 19일 똑같은 기술(동물 복제방법)을 출원하였다. 이후 둘 중 어느 것을 특허로 인정할 것인가에 대한 분쟁이 발생했다.
경합의 쟁점은 원출원 시점이었다. A연구원이 이미 1995년 8월 31일에 영국 특허청에 출원한 상태였다. B연구원은 연구노트를 증거로 반박에 나섰다. 1995년 6월 22일에 최초로 발명을 완성했다고 주장했다. 그러나 법정 공방은 A연구원의 승리로 끝났다. 연구노트에 특허 발명의 내용이 정확하게 기재되어 있지 않았던 것이다.

매일의 연구 내용을 연구노트에 기록하게 되어 있다. 따라서 기술을 사려고 하는 자가, 기술개발을 누가 했는지에 대한 확신을 얻기 위해 증빙을 보여달라고 할 때 연구노트를 제시하면 된다. 연구노트에는 일자별로 어떠한 연구를 통해 어떠한 결과물을 도출했는지 자세히 나와 있다.

둘째, 연구노트는 연구윤리와 관련된 분쟁의 증빙 자료이다. 기술과 관련한 분쟁이 발생하였거나, 연구논문의 표절 및 특허침해 등 관련 기술의 침해 문제가 생겼을 때 이에 대한 결정적 자료로 쓰인다. 결국 누가 먼저 베꼈냐는 것이 핵심이다. 연구노트는 일자별로 시점인증(매일 적은 내용을 확정하는 절차)을 하기 때문에 이러한 분쟁에서 중요한 증거로 쓰일 수 있다.

셋째, 연구노트는 연구자에게 있어서 연구개발과정의 훌륭한 도구이다. 아이디어, 노하우, 연구 데이터의 효율적 관리와 연구실의 지식 등을 전수하는 데 필요한 수단으로

연구노트가 연구개발에 결정적 기여를 한 사례

A연구원은 매일 수행하는 연구 데이터를 연구노트에 기록하였다. 똑같은 조건에서 실험을 해도 매일 결과가 다르게 나오자 '원인이 무엇일까?' 고민하다가 연구노트에 적은 내용을 보고 그날그날의 날씨에 따라 실험 결과가 다르다는 것을 알게 되었다. 연구노트를 성실히 기록하고 이를 잘 분석하여 성과를 얻어낸 사례라고 하겠다.

산업기술 유출과 연구노트의 중요성

기술경영을 표방하고 있는 중소기업이나, 기술력을 바탕으로 산업 전선에 뛰어든 스타트업Start-up 기업들이 의외로 사안의 심각성을 크게 인식하지 못하고 있는 경영요소 중 하나가 산업기술 유출에 관한 것이다.

핵심기술에 대해서는 당연히 직무발명으로 특허권을 확보해야 하며, 단일의 특허보다는 향후 기술 확장성에 대비한 특허 포트폴리오 구축을 통해 기술장벽을 만들어내야 한다. 이를 위해 연구 인력에게는 상시 연구노트를 쓰게 할 필요가 있다.

_ 기사 요약발췌

쓰인다. 또한 국가연구개발사업에서 사업 실패의 판정을 받게 될 경우 성실히 연구했다는 증빙('성실실패'를 인정받기 위한)으로 쓰이기도 한다.

연구노트는 결국 연구윤리를 의미한다. 연구 과정에서 좋은 아이디어가 떠오르고 이를 통해 발명이 구체화되면 기록으로 잘 남겨놔야 한다. 그래야 문제가 발생할 경우 제대로 대처할 수 있다. 내 연구성과물을 내 소유로서 떳떳하게 대외적으로 공개할 수 있기 위해서는 연구노트를 성실히 작성해야 한다는 점을 잊지 말자.

이것이 핵심이다!

⊛ 연구노트는 연구자가 연구개발과정에서 발생하는 모든 일을 구체적으로 담은 보고서다.
⊛ 연구노트는 연구윤리를 증명한다.

제3장

기술마케팅은
어떻게 수행하는가?

기술마케팅, 도대체 무엇인가?
- 기술마케팅의 의의와 필요성

한 영화에서 인상 깊게 느꼈던 대사이다.

"물고기를 물 밖으로 나오게 하는 것과 물 밖으로 나온 물고기를 때려 잡는 것, 어느 게 더 어려운 일이겠나?"

이 말이야말로 기술마케팅의 의미와 본질(기술이전과 마케팅과의 관계)을 훌륭하게 설명하고 있다고 생각한다. 정답은 당연히 '물고기를 물 밖으로 나오게 하는 것'이다. 전자를 기술마케팅이라고 한다면 후자는 기술이전계약이라고 보면 된다. 기술마케팅을 잘 한다면 기술이전계약은 수월하게 진행할 수 있다.

최근에 기술이전과 관련하여 뜨거운 이슈가 되고 있는 것이 기술마케팅Technology Marketing이다. 이제 마케팅 없이 기술을 이전하던 시대는 저물고 있다.

기술거래 중개를 전문으로 하는 기업들도 속속 등장하고 있다. 이런 기업들은 뛰어난 기술마케팅 능력을 바탕으로 기술거래를 성사시키고 수수료를 받아 회사를 운영한다. 기술중개라는 개념 자체도 자연스러운 것이 되었다.

본래 마케팅이란 말의 의미는 다음과 같다.

딱히 구매의사가 없는 자에게 구매의사를 생기게 하는 것

다시 말해 '구매욕구'를 일으키도록 만드는 것이 마케팅이다.

필자는 마트나 백화점을 잘 가지 않는다. 그런 곳에 가면 사고 싶어지는 물건들이 너무 많기 때문이다. 필자처럼 딱히 마케팅을 하지 않아도 (보기만 해도) 물건을 구매할 의욕이 생겨나는 사람이 있는가 하면, 100번 찍어도 안 넘어가는 사람이 있다. 필자 같은 사람에겐 딱히 마케팅이 필요 없겠지만, 100번 찍어 안 넘어가는 사람들에겐 마케팅이란 것이 필요하다. 세상엔 필자 같은 사람만 있는 게 아니기 때문이다.

과거에는 마케팅을 마치 겨울에 에어컨을 팔고 화창한 날에 우산을 파는 것과 같은 고도의 기술을 요구하는 것인 줄 알았다. 하지만 지금은 마케팅에 대한 개념이 매우 자연스러워졌다. 많은 사람이 마케팅을 부담스러워하거나 어색해하지 않는다. 바야흐로 마케팅 전성시대이다.

그렇다면 기술마케팅Technology Marketing이란 무엇일까? 마케팅과 기술마케팅은 어떤 차이가 있을까?

우선 기술마케팅은 마케팅의 일종으로 이해하면 된다. 물건이나 상품을 마케팅한다면 물건마케팅, 상품마케팅이 되듯이 기술을 마케팅하는 것이 기술마케팅이다.

기술마케팅 개념이 도입된 것은 비교적 최근의 일이다. 하지만 기술마케팅의 발전 속도는 상상을 초월할 정도로 빠르게 이루어지고 있다. 심지어 대학에 기술마케팅 관련학과(본래 과 이름이 '기술마케팅학과'였으나 최근 '지식재산학과'로 명칭이 변경되었다 _ 목원대학교)까지 생겨났을 정도이다.

기술마케팅이란 다음과 같이 정의할 수 있다.

기술거래가 일어날 수 있도록 하는 일종의 매개체媒介體

화학용어를 빌리자면 '촉매Catalyst'의 역할을 한다고 보면 된다. 기술마케팅이 거래를 촉진시키는 역할을 하기 때문이다. 물론 기술거래는 기술마케팅 없이도 일어날 수 있다. 오히려 과거에는 기술마케팅 없이 기술거래가 발생하는 것이 일반적이었다. 그러나 오늘날에는 기술마케팅의 실행으로 예전에는 찾아볼 수 없었던 수많은 거래 활동이 이루어지고 있다.

기술마케팅에 관해 제대로 인식하지 못하는 조직은 아직도 이런 인식이 강하다.

'굳이 비싼 인력과 예산을 들여가며 기술마케팅을 왜 해야 하지?'

'마케팅'을 언급할 때 항상 등장하는 4P, 4S, STP전략

❶ 마케팅 4P 전략

　가. Product(제품): 소비자가 필요로 하는 제품을 만들어야 한다.

　나. Price(가격): 가격이 적정해야 한다.

　다. Place(장소): 소비자의 접근성이 좋아야 한다.

　라. Promotion(촉진): 광고나 PR(홍보)을 통해 판매를 촉진해야 한다.

❷ 마케팅 4C 전략

　가. Customer(고객): 고객의 입장을 생각해야 한다.

　나. Cost(비용): 비용(가격)이 적절해야 한다.

　다. Convenience(편의성): 사용이 편리해야 한다.

　라. Communications(의사소통): 고객과 의사소통이 잘 돼야 한다.

❸ STP전략

　가. Segmentation(세분화): 시장을 세분화한다.

　나. Targeting(표적시장 선정): 어느 곳에 집중할지 정한다.

　다. Positioning(위상 정립): 집중적으로 고객에게 인식시킨다.

　그래서 기술마케팅에 인력과 예산의 투자를 꺼린다. 이런 소극적 태도는 결국 기술거래를 악화시키는 요소로 작용하고 시대에 뒤떨어진 조직으로 만든다. 기술마케팅을 활성화하기 위해서는 경영층의 의식개선이 선행되어야 한다. 투자 없이 성과가 나올 리 만무하기 때문이다.

이것이 핵심이다 !

✳ 마케팅이란 딱히 구매의사가 없는 자에게 구매의사를 생기게끔 하는 것이다.

✳ 기술마케팅은 이제 자연스럽고 당연한 개념이 되었다.

기술마케팅은 누가 하는가?
- 기술마케팅의 주체

기술거래를 위해서는 기술을 보유하고 있는 '기술보유자'와 기술을 활용하고자 하는 '기술수요자'가 있어야 한다. 기술거래는 '상호 간의 필요'라는 '이해관계의 합치'에 의해 이루어지기 때문이다.

기술수요자는 직접 기술을 개발할 수도 있지만, 남이 만든 기술을 구매하거나 사용권한을 가지고 있는 자에게 사용권을 허락 받을 수도 있다. 혹은 전문가를 통해 기술을 필요로 하는 자에게 적절한 기술을 공급할 수 있다. 이러한 전문가를 '기술중개자'라고 부른다.

기술거래를 위한 기술마케팅에는 다음과 같이 여러 가지 방식이 있다.

1. 기술공급자: 보유기술 마케팅 실시
2. 기술수요자: 필요기술 검색으로 역마케팅 실시
3. 기술중개자: 기술공급자와 기술수요자 연결

기술공급자가 직접 마케팅을 하는 것이 가장 대표적인 방식이다. 마케팅 조직이 제대로 구성되어 있고, 어느 정도 마케팅 역량을 갖추고 있다면 이 방법이 가장 좋다(하지만 어느 기관이나 마케팅 인력을 충분히 보유하고 있지 못한 것이 현실이다).

기술수요자 입장에서도 기술마케팅을 할 수 있다. 필요한 기술을 가진 보유자에게 기술을 요청할 수 있기 때문이다. 이것도 넓은 의미에서 '수요자 중심의 마케팅'으로 보아야 한다.

최근에는 인수합병을 통한 기술마케팅이 매우 활성화되고 있다. 가령 좋은 아이템을 가진 벤처기업을 물색하여 차세대 사업의 동력으로 삼고자 인수합병을 하는 것이다.

실제로 주요 대기업들은 벤처기업을 인수합병하는 전문조직을 두어 운영하고 있다. 특히 이스라엘에 모여 있는 세계적인 기업들의 R&D센터(약 350개 정도 된다)는 연구개발R&D을 수행하기도 하지만, 벤처기업 인수합병M&A에 더 집중하고 있다. 연구개발을 통해 자체적으로 기술을 개발하는 것보다 인수합병이 더욱 싸고 간편하다는 인식 때문이다. 이스라엘뿐만 아니라 전 세계적으로도 우량 벤처기업을 먼저 차지하기 위한 '총성 없는 전쟁'이 벌어지고 있다.

마지막으로 기술중개자를 통한 마케팅이다. 기술중개자는 기술마케팅과 관련한 인력, 정보, 노하우, 영업비밀을 가지고 있다. 요즘 들어 기술중개회사의 전문성을 이용한 기술마케팅이 매우 활성화되고 있는데, 앞으로 더욱 강화될 것으로 보인다.

기술중개회사는 기술사업화회사, 사업화전문회사, 기술거래회사 등 다양한 이름으로 불리지만 결국 다 같은 개념이다. 이들은 뛰어난 기술 중개 능력을 확보하고 중개자로서의 특화된 장점을 적극적으로 활용하고 있다.

정부는 기술거래기관이나 사업화전문회사를 지정하여 운영한다. 정부로부터 기술거래기관이나 사업화전문회사로 지정될 경우 정부 발주 연구개발에 대한 사업화를 전문으로 수행할 수 있다. 실제 정부에서는 '기술사업화'에 막대한 예산을 투입하고 있다.

정부지정 사업화기관이라는 장점을 한편으로는 마케팅의 수단으로 사용하기도 한다. 중개회사들이 점차 늘어나면서 이들의 중요성은 유례 없이 강조되고 있다. 기술이전 역량이 높은 기관일수록 중개기관을 활용하는 경우가 많다.

이것이 핵심이다 !

⊛ 기술중개자는 기술보유자와 기술수요자를 연결시키는 고리이다.
⊛ 기술거래회사의 활용은 기술이전의 강력한 추진 동력이다.

기술마케팅은 어떻게 하는가?
- 기술마케팅 절차

기술마케팅은 그 종류가 매우 다양하여 일반화하기 어려운 부분이 있다. 하지만 대체로 다음과 같은 절차를 거쳐 기술마케팅이 이루어진다. 물론 그 전에 아이디어로부터 도출된 발명이나 연구개발을 통한 결과물의 권리화 작업(IP 확보)이 필요함은 이미 설명한 바와 같다.

1. 판매기술을 확정한다.(판매기술의 확정)
2. 기술을 얼마에 팔 것인지 결정한다.(기술가격의 결정)
3. 기술수요기업을 발굴한다.(수요기업 발굴)
4. 기술협상으로 기업을 수면으로 불러낸다.(기술협상의 진행)
5. 기술이전 계약협상을 진행한다.(기술이전 계약협상)
6. 계약에 도달한다.(기술이전 계약체결)

1. 판매기술의 확정

기술마케팅은 판매기술을 확정하는 것에서 시작된다. 판매기술을 확정해야 그 기술을 가지고 마케팅을 할 수 있기 때문이다. 이는 마케팅 성패의 핵심 사항이라고 할 수 있다. 곧 팔릴 만한 기술을 판매기술로 확정해야 한다.

마케팅을 아무리 잘한다고 하더라도 팔릴 만한 기술이 아니라면 성공하기 어렵다. 한겨울에 에어컨 파는 일이 절대 쉽지 않은 것처럼 마케팅은 무엇을 파는가가 중요하다.

'팔릴 만한 기술'을 발굴해내기 위해서는 우선 보유기술에 대한 실사實査가 선행되어야 한다. 보통 보유기술의 등급을 기준으로 판매대상기술을 선정하는데, 아래 표에서 보는 바와 같이 상위 등급(1~2등급)에 속하는 기술을 선정하면 된다.

등급화 작업(자산실사)은 자체적(기관 내부적으로 시행하는 것)으로 시행해도 무방하다. 하지만 등급화 작업이 어려울 경우 외부전문가에게 의뢰하는 것도 방법이다. 아무래도 보다 객관적이며 전문성을 가지고 있는 경

기술이전 대상 기술 자산실사

구분	자산실사 결과	추진 방향
1등급	즉시 기술이전이 가능한 기술	기술마케팅 추진
2등급	기술이전 가능성이 보이는 기술	
3등급	기술이전이 어려울 것 같은 기술	기술마케팅 보류
4등급	기술이전이 불가능한 기술	

우가 많기 때문이다.

특허자산실사는 보통 1년 혹은 2년에 한 번씩 실시하는 것이 좋다. 보유특허가 많을 경우 자산실사를 전부 다 할 수는 없다. 이 경우 일차적으로 후보군을 선별한 후 대상을 한정하여 자산실사를 하면 된다.

판매기술은 기업이 필요로 하는 기술, 기업에서 요청한 기술, 기업이 관심을 가질 만한 기술을 잘 선별하여 정해야 한다.

최근에는 정부지원금으로 보유특허 자산실사를 돕는 사업이 많이 있다. 한국특허전략개발원KISTA 같은 곳에서 이러한 사업을 시행하고 있으니 적극 이용해볼 만하다. 유의할 점은 자산실사를 위해서는 기관 차원의 매칭비용투자(기관에서 일정 비용을 부담해야 정부지원금을 받을 수 있다)가 필수적이므로 사전에 해당 비용을 예산에 반영해놓아야 한다.

기술이전 전담조직TLO에서 일하다 보면 연중으로 기술마케팅 행사가 있을 때마다 기술출품을 의뢰 받는다. 그 때문에 기술마케팅 대상 기술을 사전에 정리해놓는 것이 좋다. 그러면 기술을 적기에 출품하여 기술마케팅에 잘 활용할 수 있다.

기관 및 기술거래 관련 누리집에 해당 기술을 게시하여 마케팅 하는 것도 좋은 방법이다. 기술거래게시가 가능한 곳이 많이 있으므로 기술거래장터를 적극적으로 활용할 필요가 있다. 게시를 하면 기술중개인들이 중개에 활용하기도 하고, 관련자료를 다른 기술거래장터나 유관기관 누리집 등에 링크하기 때문에 효과가 매우 크다.

2. 기술가격의 결정

기술판매자와 기술구매자 간에 원활한 기술거래를 위해서는 기술가격에 대한 상호 합의가 필요하다. 따라서 거래대상인 기술의 가격을 산정하는 일이 무엇보다 중요하다. 이는 기본적으로 기술에 대한 가치가 얼마인가 평가하는 일로부터 시작한다.

기술의 가격은 일반상품과 달리 일률적으로 결정할 수 없다. 기술이 모두 제각각이고 유동적이기 때문이다. 또한 기술만으로 제품이 생산되는 것도 아니고 기술 자체가 구체적이지도 않다(어떤 식으로 사업화가 될지 알 수 없다).

결국 기술의 가격은 판매자와 구매자의 협상에 의하여 결정될 수밖에 없다. 곧 구매자가 지불하고자 하는 가격의 범위와 판매자가 받으려고 하는 가격의 범위 내에서 가격이 결정된다. 기술을 판매하려는 자가 기술이 1억 원의 가치가 있다고 생각할지라도 그 기술을 구매하려는 자가 5천만 원 이상 줄 수 없다고 주장한다면 가격은 결국 5천만~1억 원 사이에서 결정될 수밖에 없다.

기술판매자는 기술마케팅의 원칙하에 나름대로의 가격전략을 가지고 이를 구매자에게 제시하여야 한다. 기술구매자로부터 받고자 하는 최고의 가격, 판매조건, 추가적 기술지원 등 기술가격과 관련한 일련의 사항을 종합적으로 고려하여 내보여야 하는 것이다. 이때 구매자가 이 기술을 구입할 경우 상당 수준의 이익을 얻을 수 있다는 점을 인식하도록 확신을 심어주는 일이 무엇보다 중요하다.

앞에서 살펴본 대로 기술의 가격은 기술판매자와 기술구매자의 주관적 판단을 기반으로 진행된다. 그러나 기본적으로는 당해 기술이 가지는 경제적 가치를 반영해야 한다.

그러면 당해 기술의 가치는 어떻게 판단할까? 여기에는 다양한 방법Tool이 있다. 지금처럼 기술가치에 대한 평가가 제대로 정립되지 않았던 과거에 '25퍼센트 룰'이란 것이 있었다. 기술실시로 발생하는 영업이익의 25퍼센트를 기술료(로열티)로 지급하는 방식이다.

이 방식은 로열티를 매출 발생 후 지급한다. 일종의 러닝개런티Running Guarantee로 보면 된다. 기술사업화 과정을 '기술개발→제품화 기술 확보→생산→판매'라는 4단계로 구분해보자. 여기서 첫 단계인 '기술개발'에 해당하는 만큼(25퍼센트)의 기여도를 인정한 것이다.

지금은 이런 획일적인 방식에서 벗어나 기술평가에 있어서 여러 가지 시도가 이루어지고 있다.

첫째, 투입비용을 고려하는 방식이다(비용산출법). 곧 해당 기술에 소요된 비용을 헤아려서 기술의 가치를 산정하는 방식이다. 대학이나 공공연구기관에서 많이 사용하며, 투자Input 대비 효율Output을 생각한 방법으로 이해하면 된다.

둘째, 발생 가능한 이익을 고려하는 방식이다(이익접근법). 해당 기술을 활용하여 예상되는 이익을 바탕으로 기술의 가치를 평가한다. 미래예측이 쉽지 않기 때문에 예측의 정확성에 따라 기술의 가치가 좌우된다는 단점이 있다.

셋째, 시장가격을 고려하는 방식이다(시장접근법). 해당 기술과 유사한 기술이 거래된 가격을 조사해 평가대상의 가치를 비교하여 산정한다. 비교대상으로 삼을 유사한 기술이 없으면 산정이 어렵다는 단점이 있다.

이외에도 특허침해로 얻어지는 기대이익에서 특허기술을 사용하지 않았을 때 정상적으로 기대되는 이익을 뺀 만큼을 실질적인 기술의 기여분으로 인정하는 방식 등이 있다.

이익차액정산법을 이용한 기술가치평가

특허침해 소송 시 손해배상 기준액을 결정하기 위한 근거 자료로 활용할 수 있다.

기술가치 = 특허침해이익 − 특허기술을 사용하지 않았을 경우의 이익

요즘에는 기술에 대한 가치평가를 전문으로 하는 기업들이 많이 생겨서 이를 활용하는 것도 좋은 방법이다. 자체적(내부적)으로 기술가치평가를 하면 신뢰도 면에서 문제가 생길 수 있다. 이 때문에 비용이 발생하더라도 외부기관에 의뢰하기를 추천한다.

다만 소액 기술이전의 경우(보통 5천만 원 이하) 기술가치 평가비용을 별도로 지출하기 어려우므로 이때는 기술가치평가를 약식(500만 원 이하)으로 진행하는 프로그램을 활용할 필요가 있다. 이런 프로그램은 동종의 시장을 조사하여 평가하는 '시장접근법'을 기본적으로 사용한다.

3. 수요기업 발굴

기술을 판매하려면 기술을 구매하려는 기업이 있어야 한다. 이를 보통

수요기업이라고 부른다. 기술을 아무리 잘 만들어도 필요로 하는 구매자가 없다면 그 기술은 공허한 기술이 되고 말 것이다.

기술개발은 궁극적으로 산업화를 통해 인류의 행복을 실현하는 데 있다. 이 때문에 기술을 필요로 하는 수요기업을 발굴하는 것은 아주 중요한 일이다.

기술개발에 있어서 가장 답답한 상황이 아무리 좋은 기술을 보유하고 있어도 이를 활용하지 못하는 것이다. 기업에서 필요로 하는 기술이나 관심을 가질 만한 기술이 분명함에도 기업이 이를 알고 있지 못한다면 얼마나 안타까운 일이겠는가? 기술수요기업에 '원하는 기술이 있다!'고 알려준다면 기술의 활용도는 더욱 높아질 것이다.

일반적으로 기술수요기업을 찾는 것은 다양한 채널을 통해 진행된다. 기술중개뿐만 아니라 온라인 혹은 오프라인 협력 네트워크를 활용하거나 기술거래행사(기술박람회 등)를 활용할 수 있다.

기술을 필요로 하는 기업이 있다면 직접 기술소개서SMK를 들고 기업을 찾아가 마케팅을 할 수도 있다. 거꾸로 기업에서 우수 기술을 인지하고 기술보유자에게 연락해오는 경우도 있다.

이제는 기술거래회사들이 많이 성숙해짐에 따라 노하우가 크게 축적되었고, 관련 산업분야의 기업정보도 풍부하게 확보하고 있다. 따라서 기술거래회사를 통해 기술수요기업을 찾는 것이 매우 중요해졌다.

4. 기술협상의 진행

기술수요기업을 확정하면 곧바로 기술협상을 진행해야 한다. 기업에서 필요한 기술이라도 조건이 맞지 않으면 계약을 못 할 수도 있다. 계약에 이르기까지는 수많은 암초가 존재한다. 이 걸림돌들을 모두 해결해야 계약에 이를 수 있다.

기술협상 시 가장 중요한 것은 기술에 대한 확신을 주는 것이다. 그러면 나머지 절차는 비교적 쉽게 해결할 수 있다. 곧 '이 기술을 활용하여 사업화 할 수 있겠구나' 하는 믿음을 협상 초반부터(강렬한 인상을 심어주는 것이 필요하다!) 기술도입자에게 심어줄 필요가 있다.

그렇게 하려면 우선 '비즈니스 모델링Business Modeling'이 가능해야 한다. 비즈니스 모델링의 핵심은 '이 기술을 활용해 어떤 방식으로 제품화하여 매출을 발생시킬 수 있는가?'이다.

비즈니스 모델링은 '구체적인 사업화 방안'을 의미한다. 엄밀하게 따지자면 이 작업은 기술을 도입하는 기업이 해야 할 것처럼 보인다. 하지만 현실은 그 반대이다. 기술마케팅을 위해서는 비즈니스 모델(사업화 모델)에 대한 가능성을 기술보유자 측에서 먼저 보여주어야 한다.

외국기업과 기술 상담을 하며 가장 많이 받은 질문은 "If possible, what kind of business model could be available?(가능하다면 어떠한 비즈니스 모델을 만들 수 있는가?)였다.

이 말은 곧 기술을 활용하여 어떠한 사업으로 나아갈 수 있는지가 기술도입자의 최대 관심거리라는 뜻이다. 비즈니스 모델링이 기술도입자의 구미를 당길 수만 있다면 계약은 절반 이상 성공한 것과 다름없다.

기업은 태생적으로 영리를 추구한다. 돈이 되지 않는 일에는 결코 투자하지 않는다. 설사 당장은 아니라도 앞으로 돈이 될 수 있는 일이면 투자한다. 그러므로 상대의 입장이, 비즈니스 모델이 확실해야 투자할 수 있는 상황임을 항상 고려해야 한다.

5. 기술이전 계약협상

기술수요기업에서 투자에 대한 확신이 섰다면 이제 기술이전계약을 협의할 단계이다. 이때는 사업화 가능성을 어느 정도 염두에 두고 협상에 임해야 한다.

기술제공자 측면에서는 기술료를 매출 발생 시 받는 형태의 계약이 유리하며, 단기간에 사업화가 어려울 경우 선금을 최대한 많이 받는 것이 좋다. 기업(기술도입자) 측에서도 초기투자비용을 줄이기 위해 추후에 매출 발생 시 기술료를 주는 형태의 계약을 적극적으로 고려할 만하다.

기술이전계약 시 칼자루를 쥐고 있는 쪽은 계약서상의 '갑'이 아니다. 누가 더 아쉬운 입장에 서 있는가이다. 기술이 너무 좋아 타 기업에 빼앗기기 싫고 하루빨리 사업화를 하려고 한다면 이른바 갑의 위치에 선 것은 기술제공자가 된다. 하지만 기술에 대한 확신이 없는 상황에서 기술이전을 강행하려 한다면 갑의 위치는 기술도입자가 된다.

계약협상은 우월적 지위가 있는 쪽 중심으로 흘러가기 마련이다. 여기에 맞춰 기술이전계약의 내용이 정해지고, 기술료의 지급 규모나 형태가 결정된다. 이른바 밀고 당기는 '밀당'을 통해 계약은 점차 그 형태를 갖추게 된다.

6. 기술이전 계약체결

양자 간에 기술이전협상이 끝나고 기술내용이 조율되면 드디어 계약을 체결할 수 있게 된다. 계약체결은 규모가 큰 계약이라면 서로 만나서 함께 계약서에 날인하는 것이 좋다. 또한 언론에 보도자료를 배포하여 홍보하거나 마케팅에 활용하는 것도 좋다.

소규모의 계약이라면 우편으로 계약서를 주고받으며 계약을 체결하면 된다. 필자는 대형계약을 제외한 대부분의 계약을 우편으로 주고받는 방식을 택했다.

기술이전계약은 체결 후가 더욱더 중요하다. 계약서에 날인하고 나면 계약이 종료된 것인 양 생각하는 경우가 대부분인데, 이는 아주 위험한 생각이다. 왜 그런가에 대해서는 제5장에서 자세히 설명하도록 하겠다.

이것이 핵심이다 !

- ✴ 기술마케팅의 첫 단계는 팔려는 기술을 확정하는 것이다.
- ✴ 보유특허에 대한 자산실사를 통해 마케팅 대상 기술을 선별해야 한다.
- ✴ 기술의 가격은 결국 판매자와 구매자의 협상에 의해 정해진다.
- ✴ 기술에 대한 가치평가방식이 다양화하고 있다.
- ✴ 기술이전 대상 기술의 사업화 모델 및 매출 발생 시기 등을 고려하여 기술이전 계약협상을 진행해야 한다.

기술판매를 위한 안내서 제작
- 기술소개자료SMK의 활용

우리 속담에 '같은 값이면 다홍치마'란 말이 있다. 예쁘게 포장해야 잘 팔린다는 말이다. 기술도 팔려면 포장을 잘해야 한다. 예전에 화장품 공장에 견학 갔다가 "화장품 용기 값이 내용물보다 몇 배 더 비싸다"는 이야기를 들은 기억이 있다. 그만큼 포장이 중요하다.

포장은 기술소개자료를 잘 만드는 것에서 시작한다. 일반적으로 아주 탁월한 기술이 아닌 한 대부분의 기술은 그 존재 자체도 모르는 경우가 많다. 혹시 알더라도 구체적으로 그 기술의 장점은 무엇인지, 시장성은 어떠하고 비즈니스 모델은 어떠한 것인지 파악하지 못하는 일도 흔하다. 이럴 때 필요한 것이 기술소개자료이다.

기술소개자료는 다른 말로 '판매기술서'라고도 한다. 영어로는 SMK Sales Material Kit로 기술마케팅 업계에서 널리 쓰이는 말이다.

SMK란 대상 기술에 대한 기술성, 시장성, 특허성 분석을 통해 기술수요자를 유인할 수 있는 핵심 사항을 담은 보고서라고 할 수 있다. 대상 기술의 우수성을 명확하게 제시함으로써 수요기업의 관심을 이끄는 역할을 한다.

SMK는 크게 기술의 개요, 기술의 특성, 기술성숙도, 기술동향, 응용분야, 목표시장 분석으로 이루어지는데, 일반인도 쉽게 이해할 수 있는 수준으로 작성하는 것이 좋다. 대부분의 기술거래회사에서 SMK를 제작하고 있으므로 미리 샘플을 보고 제작을 의뢰하면 된다.

여기서도 유의할 점이 있다. 기술에 관심을 보이는 자가 있으면 상세하게 설명하되, 기술에 대한 핵심내용은 유출하지 않도록 해야 한다. 기술의 구체적 정보만 취득하려는 기술사냥꾼이 워낙 많기 때문이다. 곧 어느 정도까지 정보를 제공할 것인지를 잘 판단해야 한다.

기술에 관심을 보이는 자가 보다 세밀한 자료를 요구할 경우에는 실무자 간 비밀유지계약NDA을 체결한 후 기술을 구체적으로 설명한 보충자료를 제공하면 된다.

비밀유지계약은 반드시 비밀정보를 제공하기 전에 체결한다. 그래야만 기술수요자의 비밀유지에 대한 경각심을 제고시키고, 혹시나 발생하게 될 법적 분쟁의 증거자료로써 활용할 수 있다.

이제 SMK는 기술마케팅의 필수 자료가 되었다. 초기의 기본적 형태의 SMK에서 요즘은 다양한 내용을 선별하여 담는 맞춤식 SMK도 인기를 끌고 있다. 동영상으로 SMK를 만들어 활용하는 추세도 점차 늘고 있다.

SMK: 기술소개자료(판매기술서) 예시

❶ 일반 SMK

❷ 동영상 SMK(캡처)

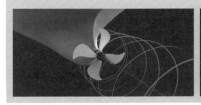

Technology for Ship Propulsion Efficiency Improvement and Propeller Noise Reduction

필자도 담당자로서 여러 개의 '동영상 SMK'를 제작한 경험이 있다. 불특정 다수를 상대로 하는 기술박람회 등에는 일반 SMK보다 동영상 SMK가 더 효과적이라고 본다. 사람들을 집중하게 하는 데는 동영상만 한 것이 없다. 다만 비용이 다소 발생하고(편당 300만~500만 원 정도) 편집이 용이하지 않은 점이 단점이라고 할 수 있다.

앞으로 기술소개자료 또한 다양한 형태로 진보할 것이고 더 활성화되리라 생각한다.

이것이 핵심이다 !

✷ 기술소개자료SMK는 기술마케팅의 효과적인 도구이다.

기술거래에는 결국 전문가가 필요하다
- 기술거래회사의 필요성

우리나라의 기술이전 전담조직TLO은 이른바 '선도 TLO'라 불리는 일부 기관을 제외하고는 아직 조직과 인프라 면에서 많이 부족한 것이 현실이다. 따라서 전담조직 인력으로 기술마케팅을 수행하기에는 어려운 점이 많다.

이런 현실에서 어떻게 기술마케팅을 해야 할까? 방법은 크게 두 가지다. 내가 하거나 타인에게 맡기는 것이다. 전자는 기술마케팅 인력을 강화하는 것(기술마케팅 인력을 충원하고 전문가로 양성하면 된다)이고, 후자는 외부의 전문가에게 맡기는 것이다.

둘 다 장단점이 있다. 필자는 외부의 전문가에게 맡기는 것을 추천한다. 여기서 외부의 전문가는 '기술거래회사'를 말한다. 사회조직마다 다자기의 역할이 있다고 생각한다. 곧 내가 할 일이 있고 타인이 할 일이 있다. 연구개발을 하는 주체가 굳이 기술마케팅까지 다 할 필요가 있을까 싶다.

기술거래회사는 다음과 같이 정의할 수 있다.

> 기술거래에 대한 특화된 노하우를 가지고 기술보유자와 기술수요자를 연결해주는 기술거래를 전문으로 하는 회사

앞서 잠깐 언급했지만 기술거래회사는 다른 말로 '기술중개회사' 혹은 '사업화전문회사'라고도 한다. 다 같은 의미이다. 기술을 분석하고 해당 기술의 수요처를 발굴하여 연결해주는 작업은 결코 쉬운 일이 아니다.

기술거래회사는 기술을 보기 좋게 포장(판매기술서 작성, 이른바 SMK)하여 수요기업을 귀신같이 찾아낸다. 또한 수요기업과의 상담과 설득을 통해 기술을 거래할 수 있도록 중개한다. 기술마케팅의 성패는 이러한 기술거래회사를 얼마나 잘 활용하느냐에 달려 있다.

비즈니스 모델BM을 발굴하는 것도 인력과 인프라 및 다양한 경험을 보유한 기술거래회사를 활용하는 것이 좋다. 기술거래회사는 해당 기술 분야의 기업 정보를 풍부하게 확보하고 있으며, 어떤 방식을 통해 접촉하고 기술거래를 끌어내는지 잘 알고 있다.

뿐만 아니라 특허정보 분석, 기술평가, 기술 관련 정책연구, 특허연차료 관리, 특허문서 번역 등 관련 IP 확보 및 기술이전에 대한 전방위적 업무를 수행하고 있다. 국내 기술거래시장이 아직 성숙하지 않아 중개 활동만으로 기술거래회사를 운영하기에는 어려움이 따르기 때문이다.

기술거래회사 활용 추천항목

구분	기술마케팅	특허연차료 납부	경상기술료 매출액 검증
내용	기술거래회사 보유 인프라를 활용한 기술마케팅 실시	특허유지비용 납부 대납 서비스	경상기술료 매출액 조사 서비스
비용 (추정)	성사 시 요율에 따른 보상 (기술료의 2~5%)	국내: 건당 1만 원/년 해외: 건당 10만 원/년	용역계약으로 일정한 금액에 수행 (50개 사 조사 시 약 50백만 원)
장점	성공 확률 높음	특허 데이터 관리가 용이하며 휴먼에러 감소	전문화된 검증 실시 가능
단점	수수료 비용 과다	보유특허가 많을수록 비용 과다 발생	비용 문제/조사 시 비협조 문제
추천도	★★★★★	★★★★	★★★

　　기술거래회사의 업무 스펙트럼을 각 기관에 접목하는 것도 권할 만하다. 특히 '기술마케팅'과 '특허연차료 관리' 업무는 꼭 추천하고 싶다. 다른 항목들은 일회성이거나 정부 지원 프로그램이 있으므로 이를 이용하면 좋다. 나중에 다시 언급하겠지만 '경상기술료 매출액 조사'도 기술거래회사에서 많이 하는 업무이니 활용해볼 만하다.

이것이 핵심이다!

✺ 기술마케팅의 성공 관건은 기술거래회사를 잘 활용하는 것에 있다고 해도 과언이 아니다!

연구성과 실용화 사업, 왜 하는가?
- 기술사업화를 전제로 하는 R&BD사업

기술사업화 업무를 하다 보면 R&BD란 말을 참 많이 듣는다. R&BD란 무엇일까?

R&BD = Research & Business Development

R&BD는 R&D(연구개발)에 사업화Business를 더한 개념이다. 곧 기술사업화를 전제로 한 연구개발을 의미한다. R&BD는 다른 말로 '사업화연계기술개발사업', '연구성과실용화사업', 'R&BD사업'이라고도 부른다.

기술사업화가 기술개발로 확보한 기술자산을 사업화함으로써 성과를 내는 행위이기에 다른 말로 R&BDResearch & Business Development 라고 하는 것이다. 기존의 R&D가 '연구 및 개발 단계'까지를 말한다면 R&BD는 기업의 비즈니스 전략과 연관된 연구 및 개발을 의미한다고 할 수 있다. 곧

R&BD는 시장수요를 반영한 수요자 중심의 R&D로서 역할을 한다.

R&BD 사업개발은 5단계를 거쳐서 이루어진다.

> 1단계: 연구개발R&D 수행
> 2단계: 기술자산IP의 확보(특허 등)
> 3단계: 확보한 기술자산의 이전
> 4단계: 이전된 기술의 산업화 시도
> 5단계: 창출된 사업적 성과를 다시 R&D 활동에 재투자

여기서 1단계, 2단계가 기술자산 확보를 위한 행위라고 한다면 3단계, 4단계는 이를 실용화 내지 산업화 하는 단계이다. 산업화에 성공할 경우 그 이익을 다시 1단계에 투입해 연구개발의 선순환 고리를 만든다. 이 단계가 무한반복 되면서 인류의 기술은 끊임없이 발전하게 된다.

기업은 말할 것도 없고 연구기관에서도 이러한 실용화 사업에 관심을 가져야 한다. 우리나라는 R&D예산 대비 R&BD예산이 많지 않다. 또한 개발·사업화 연구를 너무 기업에만 의존하는 경향이 있다. 기술자산을 산업화할 수 있도록 연구기관과 연계한 R&BD사업에 투자할 필요가 있다(특히 TRL 5단계 이후에서).

현재 정부에서 지원하는 R&BD사업이 많이 있는데, 보통 2년에 최대 6억 원까지 연구성과 실용화를 위한 자금을 정부에서 지원한다(정부 부처마다 액수는 천차만별이다). 최근에는 연구성과를 강조하는 사회적 분위기 때문에 R&BD사업이 증가하는 추세이다.

TRL Technology Readiness Level: 기술성숙도

❶ R&D에서 기술적인 목표달성 정도를 보다 효과적으로 표현하고 평가하기 위한, 핵심기술의 성숙도에 대한 객관적 지표
❷ TRL은 미국 NASA에서 우주산업의 기술투자 위험을 관리하기 위해 1989년 도입하기 시작하였으며 우리나라 R&D의 전 분야에서 기술성숙도 표준으로 채택하고 있음
❸ 단계별 TRL

TRL 단계		단계별 상세 정의
기초연구	1	기초이론 정립 단계
	2	기술개발 개념 정립 및 아이디어 특허출원
실험 단계	3	기본성능 검증 단계
	4	연구실 규모의 부품/시스템 성능 평가
시작품 단계	5	부품/시스템 시작품 제작
	6	시작품 성능 평가
실용화 단계	7	시제품 신뢰성 평가
	8	시제품 인증 및 표준화
사업화 단계	9	사업화

연구성과실용화사업R&BD을 수행하려면 기술이전이 선행되어야 한다. 이런 이유로 R&BD사업은 기술이전을 촉진하는 역할을 한다. 사업 신청 시 기술이전계약서를 관리기관(R&BD 정부사업 주관기관)에 제출해야 하기 때문이다. 실제 정부 지원 R&BD사업을 수행하기 위한 기술이전이 많이 이루어지고 있어 기술마케팅에 적극 활용할 만하다.

이것이 핵심이다 !

✴ R&BD사업에 대한 적극적 투자가 필요하다.

제4장

기술이전계약은
어떻게 이루어지는가?

기술이전계약에 대하여
- 기술이전계약 시 확인 사항

　기술이전의 대략적 개념에 대해서는 이미 제1장에서 설명하였다. 기술이전계약을 설명하기 위하여 간단히 복습하자면 다음과 같다.

1. 연구개발 결과물로 취득한 권리 또는 기술을 이를 사용하고자 하는 자에게 이전하거나 실시를 허여하는 것을 기술이전이라 한다.
2. 기술이전의 대상은 등록 또는 출원 중인 특허, 실용신안, 디자인, 소프트웨어, 기술에 관한 정보 등 그 대상을 총망라한다.
3. 기술이전은 기술의 매매, 실시권의 허여(이를 라이선스라고 부른다), 기술 전수 등 다양한 형태로 나타낼 수 있다.
4. 기술이전은 일반적으로 기술이전 전담조직(이를 TLO라 부른다)에서 수행하며, 지식재산권을 확보한 후 기술마케팅을 통해 기술이전 계약절차로 진행한다.

1. 기술이전 관련법과 규정

사실 기술사업화를 이야기하면서 법 이야기는 제외하려고 하였다. 법이란 것이 어렵기도 하거니와 그다지 재미가 없는 분야이기 때문이다. 하지만 기술사업화에 필요한 최소한의 법은 알 필요가 있어 간단히 언급하도록 하겠다.

기술이전에 관한 가장 대표적인 법은 '기술의 이전 및 사업화 촉진에 관한 법률'이다. 이 법은 기술이전 및 사업화에 대한 전반적인 내용을 담고 있다. 대체로 법은 대원칙을 정하고 구체적인 내용은 시행령, 시행규칙, 고시에 위임한다. 따라서 세부적인 내용은 이러한 위임규정을 잘 살펴봐야 한다.

기술이전 관련 법률
❶ 기술의 이전 및 사업화 촉진에 관한 법률 및 시행령, 시행규칙
❷ 국가연구개발사업의 관리 등에 관한 규정(일명 공동관리규정)
❸ 각 부처(관리기관)별 연구개발 운영규정, 관리지침
❹ 각 기관(또는 기업)이 보유한 관련 내부규정·지침 등

'관리기관'에 대해서도 알아야 한다. 우리나라는 각 정부 부처별로 연구개발 예산이 있는데, 이 예산을 관리하는 기관을 '관리기관'이라고 부른다. 관리기관마다 기술이전에 대한 규정이 있으며 이를 준수해야 한다. 기관에 존재하는 내부규정 및 지침 등을 준수해야 함도 두말할 필요가 없다.

법, 규정, 규칙 등에는 상호 우선순위가 존재한다. 하위법은 상위법에

저촉되지 않아야 하며, 하위규정은 상위규정을 준수해야 한다. 이러한 원칙하에 정해진 규정 체계를 정확히 파악한다면 업무수행에 많은 도움이 된다.

2. 기술이전 계약체결 시 유의할 점

기술이전계약은 양 당사자 간 합의에 따라 체결된다. 여기서 유의할 것이 몇 가지 있다.

첫째, 표준계약서를 절대적으로 신뢰해서는 안 된다.

각 기관마다 기술이전계약을 위한 표준계약서를 가지고 있다. 계약체결 시 대개 표준계약서를 바꾸지 않고 그대로 계약을 체결하는 경우가 많은데 이는 매우 위험한 발상이다.

계약의 성질이나 특징이 모두 제각각이어서 획일화된 계약서를 그대로 활용하는 것은 문제가 있다. 표준계약서를 그대로 쓰지 말고 계약마다 성질이나 특징에 맞게 맞춤형으로 검토를 해야 한다.

모든 사건에 공통으로 적용되는 표준계약서를 만들기는 현실적으로 쉽지 않다. 어느 계약이나 공통으로 적용되어야 할 사항도 있지만 그렇지 않은 사항도 있다. 따라서 표준계약서에 회사명과 기본 내용(날짜, 금액 등 숫자만)만 바꾸어서 계약을 체결하는 실수를 범하지 않도록 하자.

둘째, 계약서를 먼저 제시하는 쪽이 유리하다.

계약서는 결국 협상에 따라 그 내용이 구체화되는 것이다. 계약서를 먼저 제시하면 상대방은 계약서를 통째로 뜯어고치기보다는 자기들이 요구하는 사항 위주로 수정을 요청하게 된다.

이럴 경우 먼저 제시한 쪽 위주로 계약서가 작성되고 변경을 요청하는 쪽에서 아쉬운 소리를 하게 된다. 계약서 협상에 유리한 고지를 점하려면 상대측에 계약서를 먼저 제시하자!

간혹 상대방이 표준계약서를 제시하며 수정이 불가능하다고 주장하는 경우가 있다. 필자의 경험으로는 이런 경우도 수정이 가능했다. 따라서 제시 받은 계약서 조항을 면밀히 검토하고 수정이 필요한 사항은 적극적으로 요구해야 한다.

반드시 변경해야 하는 사항이 있음에도 변경이 현실적으로 힘들 때가 있다. 상대측이 계약파기를 불사하더라도 변경이 안 된다고 주장하는 경우이다.

이럴 때는 상대측과 협상을 했지만(계약변경을 강력히 주장했음에도) 상대측의 반대로 거부된 사항임을 증빙으로 남겨두어야 한다. 그래야 나중에 분쟁이 발생했을 때 내부적으로 책임을 면할 수 있다(아니면 정상참작이라도 받을 수 있다). 협상 단계에서 주고받는 공문이나 이메일 등 관련자료를 잘 보관해두도록 하자!

셋째, 계약 구도상의 갑을관계를 잘 이용해야 한다.

계약서상에 갑과 을이 존재하더라도 누가 갑이고 누가 을인지는 정해져 있는 게 아니다. 아쉬운 소리를 하는 쪽이 을이 되고 그 반대쪽이 갑이 된다.

계약협상 시 내가 갑의 위치에 있는지 을의 위치에 있는지 잘 파악하여야 한다. 갑의 위치라면 계약에서 유리한 조항을 많이 끌어내도록 하자. 특히 기술료 부분은 이러한 역학 관계를 잘 이용할 필요가 있다. 기술도입자 측에서는 기술료를 최대한 늦게 주려고 하고, 기술제공자 측에서는 최대한 빨리 받으려고 하기 때문이다.

이것이 핵심이다!

- ❀ 표준계약서를 상황에 맞게 잘 조정하여 계약서를 마련해야 한다.
- ❀ 계약서는 먼저 초안을 제시하는 쪽이 유리하다.
- ❀ 기술거래협상 시 유리한 입장이라면 적극적으로 필요한 사항을 요구하여 계약서에 반영하도록 하자.

기술이전, 순서대로 알아보다
- 기술이전절차

    기술이전절차는 부처나 기관별로 천차만별이다. 다만 명칭이나 형태가 어떻게 되건 그 중심은 크게 변함이 없다. 일반적인 계약 절차에 기술이전만의 특수한 점을 고려하여 계약을 체결한다.

    필자는 연구소에서 근무하고 있으므로 연구소의 프로세스를 중심으로 살펴보고자 한다. 모든 기관들이 대동소이大同小異할 것이다. 만약 본인이 소속한 기관과 다르다면 차이점을 비교 분석하며 읽는 것도 좋은 방법이다. 그 대략적인 순서는 다음과 같다.

    1. 기술이전 추진 의사표시
    2. 기술이전 추진 내부심의
    3. 계약체결

기술마케팅이 완료되고 기술이전에 대한 상호 간의 의견이 합치되었다고 치자. 이제는 기술이전계약을 추진하자는 상대방의 의사를 정식으로 접수해야 한다. 그리고 내부심의 절차 혹은 내부승인을 얻든지 해서 계약을 체결해야 한다.

지금부터 이러한 절차에 대해 알아보자.

1. 기술이전 계약체결 의향서 접수

기술을 사용하고자 하는 기업이 나타난다면(혹은 찾았다면!) 그 기업으로부터 기술이전의향서를 받아야 한다. 기술이전의향서는 기술이전을 원한다는 공식적인 의사표시이다.

이러한 의사표시는 공문公文형태로 받는 것이 좋다. 이메일이나 유선(전화)으로 받는 것은 방법론적으로 바람직하지 못하다. 기관의 공식적 의사를 담은 것이 공문이기 때문이다.

공문을 수령할 때는 기술이전의 범위, 기술료 등의 구체적 내용을 공문 본문이나 첨부 자료로 포함해 접수해야 한다. 이 부분은 공문을 주고받기 이전에 사전에 협의하여야 하는 내용이다. 그렇지 않으면 공문을 다시 받아야 하는 상황이 발생하기도 한다.

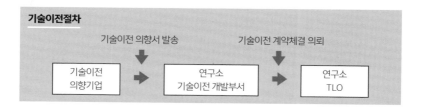

기술이전 의향기업에서 의향서 공문을 발송하면 기술개발부서에서 접수하여 기술이전 내용을 검토한다. 별문제가 없다면 성과확산 전담조 직TLO으로 기술이전 계약체결을 의뢰한다. 이 의뢰도 공문으로 하는 것 이 좋다. 공문은 기술이전 의향기업이 발송한 공문의 내용과 기술개발부 서의 검토 의견을 반영하여 송부하면 된다.

유의할 점은 성과확산 전담조직에서 미리 기술이전계약을 준비할 시 간이 필요하다. 공문 발송 전이라도 오가는 정보를 TLO와 공유하여 다 음 단계를 준비할 수 있도록 하는 것이 좋다. 이렇게 해야 시간을 단축할 수 있다.

2. 지식재산심의위원회의 심의(내부 심의 절차)

성과확산 전담조직은 접수된 기술이전 신청 건에 대해 제반규정 준수 여부 및 기술이전 가능성, 의사, 절차, 기술이전의 범위, 기술료 등을 면 밀하게 검토하여 하자가 없는지 확인해야 한다. 동시에 기술이전계약서 (초안)를 작성하여 기술이전 의향기업과 계약서 조항에 대한 협의를 마쳐 야 한다. 그런 다음 최종안을 지식재산심의위원회에 안건 상정한다.

지식재산심의위원회에서는 안건을 심의하여 기술이전 추진 여부를 결정한다. 기관의 규모가 작아 별도의 위원회가 구성되어 있지 않을 경 우 이와 가장 유사한 위원회를 지식재산심의위원회로 활용하면 된다.

심의위원은 내부위원 외에 외부위원도 참여시키도록 하자. 객관성 확 보에 유리하기 때문이다. 외부 참여위원으로는 기술거래사나 변리사처

럼 해당 분야 전문가가 참여하는 것도 고려해볼 만하다. 위원회 의견을
반영하여 지적 사항이 있으면 보완해서 최종안을 확정한다.

지식재산심의위원회에서 검토해야 할 사항은 다음과 같다.

1. 기술의 명칭
2. 기술이전 책임자 및 참여 연구원 그리고 개인별 지분
3. 실시권의 종류
4. 실시기업의 재무 상태
5. 실시기간
6. 기술료 규모 및 지급 방법
7. 관련 연구개발과제(2개 이상일 경우 지분)
8. 기술이전의 범위(이전 대상 기술의 확정)
9. 관련 계약서 및 부속 서류(청렴 및 비밀유지계약) 검토
10. 기술료 배분 계획
11. 기술지도 실시 여부 및 내용

주의할 것은 지식재산심의위원회에 안건 심의를 요청하기 전에 계약
서에 관한 협의가 모두 완료되어야 한다는 점이다. 간혹 위원회 의결 후
상대측에서 계약서 내용 변경을 요구하여 위원회를 다시 여는 것을 수차
례 경험한 바 있다. 이럴 경우 행정력 낭비가 막심하므로 계약서는 위원
회 안건 상정 전에 확정해야 한다.

반대의 경우도 마찬가지다. 계약서 협의가 완료된 후 지재권심의위원
회에서 계약서 조항의 변경을 요구할 경우 기술이전 의향기업과 다시 계

약서를 협의해야 한다. 따라서 계약서 협의내용이 위원회에서 승인될 수 있도록 사전에 치밀하게 준비해야 한다.

필자는 위원들이 자주 묻는 것을 정리하고 특이 사항이 있을 때 기술개발자와 함께 예상질의응답서를 만들어 위원회에 가지고 들어갔다. 이런 작업을 꾸준히 하다 보면 위원들의 질문을 사전에 잡아낼 수 있다.

3. 계약서 날인

계약에 관한 모든 사전 절차가 완료되면 계약서에 날인을 해야 한다. 계약서 날인과 관련하여 유의할 사항은 다음과 같다.

첫째, 계약서 날인 방식이다. 계약서는 양자가 만나서 함께 날인하는 방식이 가장 좋다. 하지만 원거리에 있을 경우 굳이 만날 필요가 없다. 시간과 비용이 너무 많이 들기 때문이다. 이럴 때는 우편(등기 등)으로 주고받으면 된다. 한 가지 덧붙일 말은 회사마다 간인, 접인 등 날인 방식이 다를 수 있으므로 이를 사전에 협의하도록 하자.

최근에는 대기업을 중심으로 자체 시스템을 활용한 전자계약이 활성화되어 있다. 자체 시스템을 통한 계약은 수정이 불가능하다고 하는 경우가 많다. 이 경우에도 불합리한 조항은 수정을 적극적으로 요구해야 한다.

둘째, 계약일 확정이다. 기술이전계약일은 기술이전계약에 있어서 아주 중요하다. 계약서 날인일로 할 것인지, 소급해서 특정일로 할 것인지, 미래의 특정한 날로 할 것인지, 위원회 승인 시점으로 할 것인지 경우에 따라 다를 수 있으니 상대측과 잘 협의해야 한다.

보통 모든 행정 절차를 마무리 지을 시점을 예상하여 계약일로 정하는 경우가 많은데, 막상 절차를 진행하다 보면 시간이 많이 소요된다. 따라서 소급하여 계약을 진행할 수밖에 없는 경우가 필연적으로 발생한다. 이러한 문제를 해결하기 위해서 계약서 날인일을 계약일로 하는 것이 가장 깔끔하다.

셋째, 계약서 날인 직전 상대측의 변심이다. 막판에 가서 "이 조건으로 계약을 못 하겠다"거나 "계약서 조항을 수정해달라"며 문제 삼는 경우를 여러 번 보았다. 알고 보니 계약서 협의 단계에서 실무자가 대표이사에게 보고도 하지 않은 채 담당자 선에서 계약서에 대해 확정한 것이었다. 그러다가 막상 계약 시점이 되어서야 대표이사에게 보고하니 계약서를 수정하라고 했다는 것이다. 이런 경우 처음부터 절차를 다시 진행해야 하므로 상호 협의 단계에서 확실히 할 필요가 있다.

넷째, 계약서 버전Version을 잘 확인해야 한다. 최종 계약서에 합의한 뒤

막상 날인하려고 보면 최종 버전이 아닐 때가 있다. 서로 주고받는 과정에서 혼동이 생긴 것이다. 수정을 많이 할수록 뒤죽박죽될 확률이 높다. 이 때문에 최종 버전은 PDF 버전으로(수정이 불가능하게) 주고받은 후 상호 확인하고 계약서에 날인해야 한다. 버전이 다를 경우 날인하지 말고 왜 달라진 것인지 상대에게 문의한 다음 새로 계약서를 받도록 해야 한다.

4. 기술료 청구

기술이전계약이 체결되면 계약서 조항에 따라 기술료를 청구해야 한다. 기술료 청구에 관하여 주의할 사항은 다음과 같다.

첫째, 기술료는 부가가치세VAT가 있다. 기술료 액수를 협상할 때 부가세를 포함한 금액인지 별도인지 분명히 해야 한다. 이를 계약서 협상 단계에서 명시하여 협의토록 하자. 간혹 부가세에 대한 양자 간의 이견 때문에 문제가 발생할 수도 있다.

특히 정부기관이나 공공기관들은 부가세를 포함하여 계약하는 경우가 많으니 유의할 필요가 있다. 부가세를 포함할 경우 공급가액과 부가세를 명확히 해야 한다(반올림이나 절사로 1원 가지고도 문제가 발생하기도 한다).

둘째, 기술료 청구 시점을 잘 협의해야 한다. 기술료를 상호 협의도 되지 않은 상태에서 청구하는 경우 난처한 상황이 생길 수 있다. 가령 기술이전계약서에 기술이전 후 즉시 기술료를 지급하게 되어 있다고 치자. 이 경우 상대측에 물어보지도 않은 채 바로 기술료를 청구(세금계산서 발행도 수반된다)하면 문제가 발생한다. 예산상황이나 결재일 등의 사유로 기술료를 바로 지급할 수 없는 경우가 있기 때문이다.

또한 특정일(기업마다 세금계산서 발행일이 정해져 있는 경우가 많다)로 계산서를 발급 요청하여 이미 발급한 계산서를 수정발급하거나 취소해야 하는 일이 생기기도 한다. 계산서를 취소하지 않고 시간이 지나버리면 분기별 부가세 신고가 확정되어, 부가세를 취소하기 위해 가산세를 내야 한다든지 부가세 미수금 처리를 해야 하는 상황이 벌어질 수 있다. 기술료 청구(계산서 발행) 시 사전에 교감이 있고 난 후 청구하도록 하자.

셋째, 지급이행보증증권을 잘 확인해야 한다. 기술료를 분납하여 수령할 때 지급의 보장을 위하여 '지급이행보증증권'을 징구徵求하는 경우가 많은데, 계약서 조항에 이러한 내용이 사전에 반영되어 있다. 기술도입자가 기술료를 지체하면 '지급이행보증증권'을 실행시켜 기술료를 증권사로부터 받고, 증권사는 기술도입자에게 구상권을 청구한다.

'지급이행보증증권'을 받았다면 기술료 미수금이 발생할 경우 즉시 증권을 실행해야 한다. 기간이 지나도록 증권 실행을 하지 않으면 기관에 큰 손해를 끼치기 때문이다.

최근 외부감사에서 담당직원의 증권 미실행에 대한 변상결정이 내려진 바 있다. 이럴 경우 실수한 당사자(업무를 담당했던 개인들)가 변상해야 하므로 증권 실행과 관련해서는 각별히 신경을 써서 처리해야 한다.

기술료, 왜 안 내는 걸까?
- 기술료 미납 시 대처방안

기술이전계약에 따라 기술도입자는 기술료를 납부한다. 기술료 납부 방식은 계약 방식에 따라 다양하게 나타나지만 보통 정액기술료 혹은 경상기술료 계약으로 구분할 수 있다. 기술도입자가 계약서에 명시된 대로 기술료를 충실히 납부하면 아무런 문제가 될 것이 없으나, 불행히도 기술료 미납 문제는 기술이전 전담조직의 영원한 숙제이다.

실무를 담당하면서 기술료 미납에 대한 고민을 정말 많이 했다. '오죽하면 기업에서 기술료를 못 주고 있을까?' 하는 마음도 들었지만, 담당자로서 기술료 징수업무는 아주 중요한 일 가운데 하나였기에 나름 애를 썼던 기억이 있다.

기업 측에서는 기술료를 '준다, 안 준다'를 명확히 하면 좋겠지만 항상 줄 것처럼 이야기하면서 주지 않는 경우가 대부분이다. 결국 미수금이 발생하여 민법상으로 채무불이행 상태가 된다.

이때는 일반적으로 강제집행 및 손해배상 절차를 밟게 된다. 계약해지도 뒤따르기 마련이다. 하지만 기술이전계약은 법적 절차만 가지고 진행해서는 안 된다. 계약서에 계약해지조항이 있다고 해도 이를 실행하기란 쉽지 않다.

그럼 기술료가 지체될 경우 어떻게 처리해야 할까?

우선 기술료 지체 사유를 정확히 파악한다. 기술도입자가 기술료를 미납한다면 무슨 사유가 있을 것이다. 이때는 먼저 유선이나 이메일로 왜 기술료를 미납하는지 문의하는 것이 좋다. 그런 뒤 이를 공식화하기 위한 문서가 필요할 경우 공문으로 미납사유를 받아 판단하면 된다. 충분한 이유가 있다면 이에 상응하는 답변(납부기한 연장 등)을 보낸다.

하지만 기술료 지체에 대한 이유가 없다고 생각되면 기술료 독촉 절차에 들어가야 한다. 기술료를 납부할 것을 공문으로 발송하고 답변 역시 공문으로 받아둔다. 받는 공문에는 기술료 미납사유 및 향후 대책(언제까지 납부하겠다는 구체적 계획)이 포함되어 있어야 한다.

이러한 자료는 나중에 기술료 관련 소송을 진행할 때 요긴하게 쓰인다. 공문뿐만 아니라 주고받은 전화통화 내용, 이메일을 모두 기록해놓는 것이 좋고, 미납액 발생 건은 특별 관리대상으로 취급한다.

상대방에 수차례 공문으로 독촉했음에도 납부의사가 없다면 우체국을 통해 내용증명을 보내야 한다. 내용증명은 공문이 법적으로 도착했음을 인증하는 것으로 법적 절차 진입 전에 할 수 있는 가장 좋은 압박 수단이다. 보통 3부를 발행하는데 한 부는 송부용, 한 부는 발신자 보관용, 한 부는 우체국 보관용이다.

요즘은 전자 내용증명을 이용하는 것이 추세이므로 3부 발행이 별 의미가 없어졌다. 실제로 필자도 기술료 독촉 내용증명을 보낼 때 전자 내용증명을 이용하였다.

다음으로, 내용증명을 보내도 기술료 납부가 되지 않을 경우에는 법원에 지급명령을 신청한다. 전자적 방식을 통해 지급명령 신청이 가능하므로 법원 누리집에서 신청하도록 한다. 신청서 견본이 있어서 그에 맞춰 작성하면 어렵지 않게 할 수 있다. 혹시 미비한 점이 있더라도 보정명령(보완하여 다시 신청하라는 명령)이 나오므로 너무 걱정하지 않아도 된다.

지급명령에 대해 상대방이 14일 이내에 이의제기를 하지 않을 경우 그대로 확정이 되어 강제집행을 할 수 있는 '집행권원'이라는 것이 생긴다. 보통 이 상황까지 가면 기술도입자가 기술료를 납부하기 마련이다. 그래도 납부하지 않는다면 그건 정말로 납부할 여력이 안 되는 것으로 생각하면 된다. 집행권원을 부여 받은 후에는 법적 절차에 따라 강제집행을 한다. 문제는 강제집행을 해도 채무자의 재산이 없는 경우이다. 이때는 강제집행도 별 소용이 없다.

마지막으로 법정관리에 들어갈 경우를 생각해보자. 필자는 업무를 진행하며 이런 사례를 여러 번 겪었다. 기술료 미납 상황에서 법정관리에 들어가면 문제가 복잡해진다. 기술료 미납액을 채권으로서 신고해야 하는데 신고된 채권이 이유가 있다면 시인채권이 되고, 이유가 없다면 법정관리에 들어간 기업에서 부인을 하게 된다(부인채권).

기업이 반드시 필요한 채권이라고 판단하면 공익채권으로 분류하여 법정관리와 상관없이 해당 비용을 지급한다. 하지만 기술료 미납액이 공익채권으로 분류될 일은 없다고 봐야 한다.

법정관리에 들어간 기술료 미납액은 그 금액만큼 관계인집회關係人集會에서 채권 지분액에 따라 회생 여부에 대한 투표를 진행해, 내 투표 여부와 관계없이 채권자 총 지분의 50퍼센트 이상이 찬성을 하면 회생채권으로 회생계획에 따라 변제 받는다. 이 경우 대부분의 금액을 출자전환하므로 받을 수 있는 돈이 거의 없다고 보는 게 맞다.

회생계획이 관계인집회에서 부결될 경우에는 파산 절차로 진행되어 채무자의 책임재산에서 우선순위에 따라 청산액을 받을 수 있다. 하지만 이 경우에도 거의 못 받는다고 생각하는 게 마음이 편하다. 일반상거래 채권은 타 채권보다 우선순위에서 뒤처지기 때문이다.

이처럼 기술료 미납액이 발생하면 엄청난 행정적 소요가 발생한다. 따라서 기술료를 안정적으로 확보하기 위해서 지급이행보증증권을 수령하는 것이 늘어나는 추세이다. 지급이행보증증권은 그 금액이 하자이행보증증권 등과 달리 매우 비싸서 기술도입자 측에서는 증권발행을 꺼린다.

지급이행보증증권

지급이행보증증권을 받아놓으면 기술료 미납 시 증권사로부터 기술료를 확보할 수 있다. 기술제공자는 증권을 실행시켜 미납액을 증권사로부터 받는다. 증권사는 기술료 채권을 인수해서 구상권을 행사하여 미납기업으로부터 기술료를 받는 원리이다.

기술료를 분납하거나, 계약 이후 일정 기간이 지난 시점에 납부한다면 반드시 지급이행보증증권을 받아두어야 한다. 이 경우에 기술료 미납이 가장 많이 발생하기 때문이다.

간혹 지급이행보증각서로 대체하는 경우도 있지만, 법적 분쟁 발생 시 참고자료로 쓰일 수는 있어도 그다지 효력이 없다. 다만 기술이전 거래가 빈번하고 미납이 없는 기업의 경우 굳이 비싼 지급이행보증증권을 계약 건마다 받기가 현실적으로 쉽지 않다. 또한 비용적으로도 낭비일 수 있으므로 상황에 따라 잘 판단하여 결정하여야 한다.

지급이행보증증권을 수령한 후 기술료 미수금이 발생하면 증권을 실행해야 한다. 얼마 전 이를 실행하지 않아 기관에 손해를 끼쳐 개인이 변상하는 사례도 있었다. 따라서 증권을 받은 계약은 증권 미실행에 따른 기관 피해가 없도록 지속적으로 감시해야 한다.

경상기술료 vs 정액기술료
- 기술실시 계약방식에 대하여

기술실시의 계약 방식은 매우 다양하다. 필자도 실무를 담당하면서 몇 가지 방식을 고정적으로 취하고 있다. 최근 기술료와 관련한 각종 대외 요구자료 양식을 보면 '이런 방식도 있었나?' 싶은 생각이 들게 하는 형태도 있다.

기술료를 수령하는 방식은 크게 정액기술료 방식과 경상기술료 방식으로 나눌 수 있다.

정액기술료는 일정금액을 정액으로 받는 것으로 고정금액Fixed Price 징수방식으로 보면 된다. 경상기술료는 이와 다르게 매출액Running Guarantee에 따라 로열티를 받는 방식이다. 영화 투자자나 출연 배우 등이 영화 관객 수에 따라 인센티브를 받는 것과 비슷한 방식이라고 보면 된다.

양자가 모두 장단점을 가지고 있어서 어느 방식이 좋은지에 대해서는 상황에 따라 다르겠지만 개인적으로는 정액기술료 방식을 선호한다. 기술에 대한 대가를 확실히 받을 수 있기 때문이다. 뒤에 설명하겠지만 사실상 매출액에 따른 경상기술료를 받기란 절대 쉽지 않다.

경상기술료는 매출이 발생하지 않으면 기술료 대가를 받을 수 없기 때문에 기술공급자에게 불리한 조건이다. 이를 보완하기 위하여 경상기술료 계약 시 일정 금액을 선급기술료Upfront Payment 형식으로 받기도 한다. 필자가 근무하는 연구소도 총 기술료 규모의 10퍼센트는 선급기술료로 납부하도록 유도하고 있다.

요즘 구간기술료라는 개념이 많이 등장한다. 구간기술료는 매출액 규모에 따라 기술료 금액이 각각 정해지는 체계다. 이는 기술료 계약의 안정성을 가져오는 동시에 합리적인 기술료 금액을 산출하게 한다는 점에서 장점을 가진다고 할 수 있다.

경상기술료는 일반적으로 매출액이나 영업이익에 경상기술요율을 곱

구간기술료 예시

관련 매출액	경상기술요율
~1억 원	7%
1억~3억 원	6%
3억~5억 원	5%
5억~10억 원	3%
10억 원~	2%

하여 정한다. 경상기술요율은 양자가 협의하기 나름이지만 대략 1~5퍼센트 범위에서 이루어진다.

경상기술요율을 정하는 데 있어서 기준은 해당 기술에 투입된 비용이다. 이 비용을 기본으로 하여 기술료를 산출하고 경상기술료 규모를 정하게 된다.

경상기술료에 있어서 무엇보다 중요한 것이 매출액 검증이다. 보통 매출액에 요율을 곱하여 계약하기 때문이다. 경상기술료 계약을 체결할 경우 보통 계약서에 매출액 검증 조건을 넣는데 대차대조표, 손익계산서, 매출원장 등이 필요하다. 물론 기업에서는 영업비밀이라 하여 이런 자료를 잘 주지 않으려고 한다. 그럴수록 자료를 받아서 매출액을 꼼꼼히 확인해야 한다.

최근에는 경상기술료 계약에 대하여 매출액 검증 등의 업무를 외부 전문업체에 외주를 주는 경우도 많다. 경상기술료 계약이 많은 기관은 매출액 검증을 전문가에게 의뢰하는 것을 검토해볼 만하다.

정액기술료는 액수가 정해진 기술료로서 이 또한 종류가 다양하다. 한번에 기술료를 다 받는 경우도 있지만, 여러 번 나누어 받는 경우도 있는데 이를 분할기술료라고 부른다.

분할기술료에서는 기술료 미수금이 발생할 수 있으므로 유의해야 한다. 미수금 발생에 대비하여 지급이행보증증권을 받아야 하는 것은 앞에서 설명한 바와 같다.

요사이 마일스톤Milestone 방식의 기술료 계약이 특정 분야에서 자주 이루어지고 있다. 이를 단계별 기술료라고도 한다. 마일스톤 방식은 주로 의약품 개발처럼 단계적으로 기술개발이 필요한 사업에 대하여 단계별로 기술료를 납부한다.

전임상 → 임상 → 허가신청 → 허가완료

곧 단계가 진행될 때마다 성공 시 기술료를 받으며, 주로 기술개발을 의뢰하면서 기술료 계약을 할 때 이용된다.

이것이 핵심이다 !

✳ 경상기술료, 정액기술료 방식 모두 장점과 단점이 있다.
✳ 경상기술료 징수의 핵심은 매출액 검증이다.
✳ 분할기술료는 지급이행보증권이 중요하다.

기술실시, 어떤 방식으로 할까?
- 실시권의 종류

    기술이전의 형태는 매우 다양하다. 기술을 매각할 수도 있고 실시권을 설정할 수도 있다. 또한 인수합병M&A이나 기술제휴, 공동연구를 통해서도 가능하다. 최근에는 기존에 생각하지 못했던 다양한 기술이전 방식이 적용되고 있다. 이는 당연히 '계약 자유의 원칙'에 따라 유효하다.

    하지만 가장 많이 행해지고 있는 것은 매각, 전용실시, 통상실시이다. 지금부터 차례대로 자세히 알아보도록 하겠다.

    첫째는 매각Disposal이다. 매각은 소유권의 이전을 말하는 것으로 물건을 매도하듯이 기술을 매각하는 것이다. 기술을 매각하면 특허와 같은 국가의 공인된 지식재산권은 명의를 변경해야 한다.

    특허는 매각하면 특허권자의 명의가 바뀌므로 매도인은 매수인에게 명의를 이전할 책임을 진다. 매각 시 발생하는 비용도 어떻게 처리할지

계약서에 미리 담아놓아야 한다. 일반적으로 매수인이 해당 비용을 부담한다. 기술매각은 실시권 설정과 다르게 완전히 기술이 이전되며, 매각 후 매도인에게는 하자담보책임이 발생한다.

둘째, 전용실시권Exclusive License이다. 이것은 실시권자 외에 타인에게 실시할 수 없는 실시권을 말한다. 한마디로 독점적인 실시권이라고 보면 된다. 특허의 경우 전용실시권은 전용실시권 설정을 특허등록원부에 별도로 기재하여야 한다.

셋째는 통상실시권Non-Exclusive License이다. 실시권을 허여하되 독점적이지 않다는 것이 통상실시권의 특징이다. 곧 A란 업체에 실시권을 허여하고, 또다시 같은 기술을 B란 업체에 추가로 실시권을 허여할 수 있다. 독점적으로 실시권을 부여하지 않는다는 점에서 전용실시권과 비교된다.

전용실시권의 설정등록

전용실시권은 특허등록원부에 전용실시권 설정등록을 해야 한다. 설정등록을 하지 않으면 전용실시권이 성립되지 않는다. 이를 효력발생요건이라고 한다. 부동산 등기부등본 을구乙區에 가압류나 전세권을 설정하는 것과 유사하다고 보면 된다. 일종의 권리를 제한하는 기능을 한다.

참고로 재실시권Sublicense은 실시권자가 실시권을 허락 받은 범위에서 그 권리를 다시 실시할 수 있다는 개념으로 이해하면 된다. 건설공사에서 원청-하청과 유사한 개념이다.

통상실시권 계약을 체결하면서 계약서 조항에 '타 기업에 제공하지 않는다'든지 '타 기업에 이전 시 사전동의를 얻는다' 등의 조항을 추가하면 어떻게 될까? 실제로 이런 일이 많이 발생한다.

기업에서는 아무래도 본인들만 사용하기를 원하기 때문에 타 기업(특히 그 기업이 경쟁기업이라면 더욱 그러하다)에 실시권을 추가로 주는 것을 그다지 달가워하지 않는다. 이럴 때 전용실시권 계약을 하자고 하거나, 계약서 조항에 결과적으로 전용실시권과 다를 바 없는 계약을 해달라고 요청하는 경우가 있다. 바로 앞서 언급한 두 개의 조항이 그러한 조항이다. 사실 이 조항들은 계약에 있어서 그다지 바람직한 내용은 아니다.

그러나 전용실시권 설정을 회피하면서 실질적으로 전용실시권과 다를 바 없는 계약이 가능하다는 점에서 고려해볼 만한 계약 방식이다. 계약자유의 원칙상 당연히 가능하다.

일반적으로 비영리기관은 기술이전계약 시 실시권에 대하여 비독점적 통상실시권을 원칙으로 하고 있다. 예외적으로만 전용실시권을 허락한다. 정부예산을 들여 개발한 기술을 특정 업체에 제공하는 것은 특혜시비에 휘말릴 수 있기 때문이다. 물론 다음과 같은 예외도 있다.

전용실시권을 설정할 수 있는 경우

정부예산이 투입된 연구개발은 통상실시를 원칙으로 한다. 다만 다음의 경우에는 전용실시권을 설정할 수 있다.

❶ 타 법령 또는 협약에서 독점적 실시권 또는 전용실시권을 허락하도록 정한 경우
❷ 통상실시권을 원하는 기업이 없는 경우
❸ 통상실시를 할 경우 기술이전이 불가능할 경우
❹ 기술의 특성상 불가피하여 독점적 실시권 또는 전용실시권을 허락해야 하는 경우

같이 고생한 기업에 우선권을!
- 참여기업 우선권 제도

    요즘의 연구개발R&D 경향을 보면 정부와 민간이 함께하는 형태가 대부분이다. 연구비도 정부출연금(정부에서 지급하는 연구비)과 민간부담금(기업에서 부담하는 연구비)이 합쳐진 형태다. 연구수행 결과물이 나오면 그 결과를 활용하여 사업화를 하는 것도 민간참여기업이다(연구과제에 민간기업이 참여하여 기술이전을 받는 형태이다). 결과적으로 연구과제에 참여한 민간기업에 기술이전의 우선권을 부여하는 형태가 곧 '참여기업 우선권 제도'이다.

    여기서 잠깐 국가연구개발사업에 대해 이해할 필요가 있다(국가연구개발사업은 줄여서 국가R&D라고 부른다). 정부에서는 연구개발예산을 매년 20조 원 가까이 편성하여 연구 현장에 투입하고 있다. 그 이유는 당장에 돈이 되는 연구만 하는 기업과는 달리, 지금은 돈이 되지 않지만 꼭 필요한

❶ 연구개발 사업공고
국가(국가라고 하지만 각 정부 부처별 관리기관에서 통상 수행한다)에서 특정 연구 분야에 대해 공고를 게시한다. 공고는 채용공고처럼 특정 분야를 적시한다. 특정 분야는 이미 기술수요조사, 제안요청서 RFP, 기획연구를 통해 사전에 확정되는 경우가 대부분이다.

❷ 제안서 접수
입사지원자가 입사지원서를 제출하듯이 과제책임자(통상 연구책임자라고 한다)가 과제계획서를 작성하여 관리기관에 제출한다.

❸ 과제 선정평가
각 분야 전문가로 구성된 평가단이 과제에 대한 평가를 진행한다. 평가 시 과제책임자가 평가위원 앞에서 과제 수행계획을 발표하는 것이 통상적이다. 여기에서 최고 득점을 받은 제안이 최종 선정된다.

연구, 앞으로 성장가능성이 있는 연구를 위해서는 국가연구개발예산의 투입이 필요하다. 국가연구개발사업은 기업이 연구개발단계에 참여하도록 유도함으로써 살아 있는 기술을 만들고자 노력한다. 그 추진 방식은 회사에서 인력을 채용하는 것과 아주 흡사하다.

국가연구개발사업은 한 기관이 단독으로 수행하기도 하지만 대부분 여러 기관(대학, 출연연, 기업 등)이 공동으로 수행한다. 여기서 전체를 총괄하는 기관을 주관기관이라고 하고, 나머지 기관들을 참여기관이라고 한다. 참여기관 중 기업을 참여기업이라고 부른다.

국가연구개발사업을 통해 이끌어낸 연구성과를 기술이전 할 경우 그 기술에 대한 우선권은 참여기업에 있다. 연구개발단계부터 기술개발에 참여했기 때문이다. 이는 우선권이 확보되어야 기업들이 연구개발에 적극 참여하게 되는 효과도 고려한 듯하다. 따라서 기술개발이 이루어질 경우 가장 바람직한 형태는 참여기업에 기술을 이전하는 방식이다.

참여기업이 기술이전을 원하지 않거나 참여기업의 동의가 있으면 참여기업이 아닌 타 기업에도 기술이전은 가능하다. 하지만 참여기업을 둔 취지를 생각해보면 결국 참여기업에 기술이전을 하는 것이 국가연구개발사업의 궁극적인 목적이라고 생각하면 된다.

국가연구개발사업을 수행하여 도출된 결과물의 소유권은 다음과 같다('국가연구개발사업 관리 등에 관한 규정'에 명시되어 있다).

무형적 결과물(특허, 실용신안, 저작권, S/W 등)	유형적 결과물(시제품 등)
- 각자 개발한 것: 각자 소유 - 공동으로 개발한 것: 공동소유	- 각자 개발한 것: 각자 소유 - 공동으로 개발한 것: 주관기관 소유

참여기업을 대상으로 기술이전을 하는 것은 무형적 결과물 중 참여기업이 공동소유를 하지 않은 것과 유형적 결과물이다. 공동소유의 결과물은 각자 실시를 할 수 있다. 이는 공동으로 소유한 기관 모두 그 기술을 실시할 권한을 가진다는 말이다.

활용은 각자가 가능하지만, 공동소유 지분의 매각 시에는 타 소유자의 동의를 얻어야 한다. 경쟁기업에 매각하여 불측不測, 곧 헤아리기 어려울 만큼의 피해를 줄 수도 있기 때문이다. 실시권을 제삼자에게 허여하는 것도 경쟁기업에 실시권을 주어 불측의 피해를 줄 수 있으므로 공동소유자의 동의가 없으면 안 된다고 봐야 한다.

필자가 근무하는 연구소의 관리기관 국가연구개발사업 운영규정 제45조(기술실시계약)에 의하면 '참여기업이 있는 경우 연구개발결과물에 대하여는 참여기업이 기술을 실시하는 것을 원칙으로 하며…(후략)'로 규정하고 있어 이를 명문화하고 있다. 다른 부처, 관리기관 규정도 대동소이하다.

참여기업 우선권과 관련하여 명심해야 할 것이 있다. 국가연구개발사업으로 도출한 연구결과물은 참여기업 외에 특정기업에 이전할 경우 특혜시비가 있을 수 있다. 이런 경우 누구나 활용 가능한 기회를 제공하는 차원에서 기술을 공개할 필요가 있다.

기술박람회나 기술공고, 기술마케팅을 통해 기술이전계획에 대한 안내를 불특정 다수에게 먼저 실시한 후(어떤 기업도 의사를 타진하지 않은 경우) 특정기업에 이전하면 이러한 불공정 시비를 막을 수 있다. 따라서 참여기업이 아닌 특정기업에 기술을 이전할 경우 사전에 기술박람회나 기술마케팅 행사에 참여하도록 유도할 필요가 있다.

이것이 핵심이다!

✵ 국가연구개발사업으로 수행한 과제는 참여기업에 기술이전 하는 게 바람직하다.
✵ 기술이전 대상 기술은 공정성 확보를 위하여 기술이전을 하기 전에 기술을 공개하는 절차가 필요하다.

기술이전 계약기간, 길수록 좋을까?
- 실시기간 설정

기술이전계약 시 실시기간은 얼마나 설정해야 할까? 길게 잡는 게 유리할까, 아니면 짧게 잡는 게 유리할까, 그것도 아니면 상황을 봐서 결정해야 할까? 이러한 질문들은 기술이전 업무를 담당하면서 항상 고민했던 부분이다.

가령 경상기술료 계약을 영구永久로 체결한 것이 있었다. 매년 기술료 매출액 발생 조사를 해보면 해당 기업에서는 이제는 그 기술을 쓰지 않는다고 한다. 새로운 기술이 나와서 그 기술은 쓰지를 못한다는 것이다. 이럴 때 기술이전계약을 '영구'로 한들 아무런 의미가 없다. 양자가 합의하여 계약을 종료시키는 것이 바람직하다.

그러면 실시권의 실시기간은 어떻게 산정해야 할까? 필자가 근무하는 연구소 규정에 의하면 실시권의 허여기간을 다음과 같이 정하고 있다.

실시기간은 계약체결일로부터 익년도 1월 1일을 기준으로 5년간 실시하는 것을 원칙으로 하며 법령이나 규정, 연구결과 또는 기술 및 제품의 경제적 수명이나 시장성, 외국기술과의 비교결과에 따라 단축 또는 연장할 수 있다.

여기서 5년이란 기간은 기술이전 후 제품을 상용화할 수 있는 일정 기간을 의미한다. 물론 계약자유의 원칙에 의거, 계약기간은 당사자 간에 자유롭게 정할 수 있다. 1년으로 할 수도 있고 10년으로 할 수도 있으며 영구로 할 수도 있다. 하지만 제품의 상용화를 위해 최소한의 기간이 필요하므로 계약 시 이에 대한 고려가 있어야 한다. 기술이전이 되자마자 제품을 상용화할 수 있는 것은 아니기 때문이다.

실시권자 입장에서는 당연히 기간을 길게 하고, 기술제공자 입장에서는 기간을 짧게 하는 것이 더 유리하다. 계약 형태가 경상기술료 계약이라면 반드시 짧게 하는 것이 유리하지도 않다. 이는 전체적인 상황을 고려해 결정해야 할 문제이다.

특허매각의 경우에는 이러한 문제에서 벗어날 수 있다. 실시권 허여보다는 특허매각이 더 깔끔하고 기술제공자 입장에서도 유리하다고 생각된다.

특허매각은 특허 보유 시 발생하는 비용인 연차료를 절감할 수도 있다. 다만 연구개발자는 특허를 보유하는 것을 원할 수 있으므로(특허 포트폴리오 구축이나 후속 연구 등의 사유로) 신중하게 접근해야 한다. 특허를 매각할 경우 매각에 따른 하자담보책임을 질 수 있으니 계약서 조항에 내용을 잘 반영하여 위험risk 요소를 회피하거나 최소화해야 한다.

결론적으로 실시기간은 기술의 형상, 특허 등 확보된 권리의 상태와 잔여존속기간, 기술상용화 가능성, 후속기술의 등장 등 여러 요소를 종합적으로 고려하여 설정해야 한다. 너무 짧게 하거나 너무 길게 하는 것은 바람직하지 않다. 또 "왜 실시기간을 이렇게 정했는가?"라고 할 때 답변이 가능한 논리적 근거가 있어야 한다.

이것이 핵심이다 !

✸ 기술이전 대상 기간은 기술의 수명, 시장상황 등을 종합적으로 고려해야 한다.

이 기술의 가치는 얼마인가?
- 기술가치평가의 필요성

기술이전 시 가장 고민이 되는 사항 중 하나가 '이 기술이 과연 얼마의 가치를 가지는가?'이다. 기술의 가치를 평가하는 방법은 매우 다양해서 어떤 방식으로 하느냐가 항상 논쟁거리이다. 방식마다 장단점이 있기 때문이다.

기술가치평가는 자체적으로 할 수도 있고 외부기관에 의뢰할 수도 있다. 그러나 보통 객관성 확보를 위하여 대외기관에 의뢰하는 경우가 많다. 외부기관은 다양한 가치평가 방법을 이용하여 기술평가를 수행한다. 기술가치 평가결과는 기술료 산정이나 기술출자액의 기초가 된다.

문제는 기술가치평가를 과연 신뢰할 수 있는가 하는 것이다. 기술가치 평가는 하나의 방법Tool에 불과해 그 결과를 기술에 대한 정확한 평가기준으로 이해하면 곤란하다. 방법이 언제나 정확할 수만은 없으며, 그 자체로서 한계를 가지고 있기 때문이다. 따라서 기준점 내지 참고자료로만 활용하도록 하자.

제3장에서도 설명했지만 기술가치에 대한 평가 방법은 크게는 3가지로 나눌 수 있다. 비용산출법, 이익접근법, 시장접근법이 그것이다. 이외에 다른 방법이 있다고 하더라도 결국 위 3개 안에 다 수렴되는 유사한 방법이라고 보면 된다.

첫째, 비용산출법(비용접근법)이란 투입비용을 기술의 가치로 보는 방식이다. 해당 기술을 만드는 데 100억 원이 투입되었을 경우 기술의 가치를 100억 원으로 평가한다. 실 소요비용에 대한 가치를 산정한 것이라고 할 수 있다. 비용산출의 근저根底에는 투입연구비 대비 성과가 나와야 한다는 논리가 자리 잡고 있다. 그리고 다른 방법에 비해 기술에 대한 가치평가가 쉬운 장점은 있지만 비용만큼 기술에 투자를 할 곳이 많지 않다는 점이 단점으로 지적된다. 기술의 가치가 과다하게 산정될 수 있기 때문이다. 그럼에도 현재 가장 명확한 방법으로 인정받고 있으며, 기술가치평가 시 가장 많이 활용되고 있다.

둘째, 이익접근법이란 해당 기술을 사용하여 이익을 얼마나 얻을 수 있는가를 추정하여 기술가치를 산출하는 방식이다. 가령 해당 기술을 상용화하여 매출을 100억 원 발생시킬 수 있다고 한다면 기술의 가치는 100억 원으로 본다. 수익이란 것이 상당히 모호하고 불확실해서 추측에 의해 기술에 대한 가치평가를 한다는 단점이 있다. 곧 추측의 정확성 여부에 따라 기술가치평가의 정확성이 좌우될 수 있다.

셋째, 시장접근법은 유사한 기술의 시장가치를 기준으로 기술가치를 평가하는 방식이다. 비용산출법, 수익접근법으로 기술가치평가가 용이하지 않을 때 주로 활용한다. 하지만 거래시장이 없을 경우 적용하기 힘들다는 점과 비교대상 거래가 기술가치평가를 어떻게 했는지 알지도 못하는 상황에서 유사한 수준으로 적용한다는 점에서 문제의 소지가 있다. 비교대상 기술의 가치평가가 잘못 이루어졌다면 이른바 '바보들의 행진'을 할 가능성이 크다. 이 때문에 기술가치평가는 오류를 줄이기 위해 복수의 평가접근법을 사용하는 것이 권장되고 있다.

문제는 기술이전 시 기술료를 기술가치평가 금액대로 할 수 없는 경우가 많다는 점이다. 기술이전도 일종의 계약이므로 계약은 양 당사자의 의사가 합치되어야 한다(제1장에서 언급한 계약자유의 원칙을 상기해보라!). 가령 기술제공자는 1억 원에 팔려고 하는데 기술도입자가 5천만 원에 사겠다고 하면 거래는 이루어질 수 없다. 결국 어느 한쪽이 양보를 하지 않으면 상호 절충점을 찾아야 한다.

또한 대형 기술이전의 경우 기술가치평가를 할 만한 가치가 있으나, 소형 기술이전(보통 5천만 원 이하의 기술이전을 말한다)의 경우에는 별도의 비용으로 평가를 수행하기가 부담스럽다. 따라서 비용에 대한 지불의사, 협상능력 등이 복합적으로 작용하여 기술에 대한 가치가 산정된다.

기술료 금액 양자 간에 의견 합치가 안 된다면 기술이전계약에 이르지 못할 수도 있다. 다른 구매자가 없는 한 기술은 사장死藏되고 말 가능성이 커진다. 기술을 사장시킬 것인지 비용을 덜 받더라도 상용화시킬 것인지 기술제공자의 판단이 필요하다.

기관마다 기술료를 산정하는 기준을 두고 있다. 필자가 근무하는 연구소도 기준이 있다. 대원칙은 투입된 연구비이다. 곧 연구개발비에서 해당 기술에 투입된 비용을 기술료 산정 기준으로 삼는 것이다. 투입한 금액만큼 받아야 한다는 논리다.

어떻게 보면 당연한 기준이라고 할 수 있지만, 이런 방식을 고수하다 보면 계약을 할 수 없는 상황이 자주 발생한다. 그래서 예외조항을 두고 있다. 중소기업은 투입된 연구비 이상이라는 기준에서 70퍼센트까지 감면을 해주고, 연구소기업이나 비영리기관처럼 정책적 배려가 필요한 곳은 일정액을 감면하도록 규정하고 있다.

기술료 산정은 어려운 문제이긴 하나 당사자 간에 합리적인 논의를 통해 풀어 나가야 한다. 기술가치평가 또한 어디까지나 기술이전 시 기술가치에 대한 기준자료라는 것을 명심해야 한다. 기술료를 산정하는 일종의 방법Tool에 불과하다는 점도 다시 한 번 인식하도록 하자.

이것이 핵심이다!

⚙ 기술가치 평가결과는 어디까지나 참고자료에 불과하다.
⚙ 기술가치 평가방법은 모두 장단점이 있다.
⚙ 기술이전 시 기술에 대한 가치(기술료)는 결국 협상이다.

제5장

기술이전 완료 후
무엇을 해야 하는가?

기술이전 후에 무엇을 해야 하는가?
- 기술이전 사후관리의 필요성

옛 속담에 '화장실 들어갈 때 다르고 나올 때 다르다'는 말이 있다. 이 말을 기술이전에 빗대어보면 기술이전 계약체결 전까지는 온갖 미사여구와 유인책(?)으로 계약체결을 위해 애를 쓰지만, 계약을 맺고 기술료를 받게 되면 "이제 끝났구나!" 하고 이전과 같은 열정과 관심을 보이지 않는다. 이것이 바로 우리가 가장 큰 착각을 하는 부분이다. 기술이전은 계약 후가 더 중요하다는 점을 강조하고 싶다.

시중에 나와 있는 관련 서적들도 마찬가지이다. 기술이전계약 및 기술료 징수까지는 구체적으로 서술하고 있으나 기술이전 사후관리를 언급하는 책은 많지 않다. 필자는 기술이전만큼 중요한 것이 '기술이전 사후관리'라고 생각한다. 기술이전에서 발생하는 대부분의 문제(가령 소송, 기술료 미납, 불완전이행, 하자담보책임 등)는 계약 이후에 일어난다. 따라서 이 점을 항상 염두에 두고 기술이전 이후의 절차에 많은 고민과 관심을 가지기를 바란다.

기술이전계약은 기술제공자와 기술도입자 상호 간에 본격적인 협력이 시작되었음을 의미한다. 기술제공자는 계약서에 명시된 대로 기술을 이전해야 할 의무를 지고, 기술도입자 또한 계약 조건에 따라 기술이전이 제대로 이행되도록 협력하여야 한다.

기술제공자가 계약서에 명시된 대로 이행하지 않는다거나(채무자지체) 기술도입자가 기술을 이전 받을 자세가 되어 있지 않다면(채권자지체) 이는 채무불이행의 문제로 귀결이 된다. 채무불이행은 자칫 법정다툼으로 이어질 수도 있으니 주의해야 한다.

실제로 기술이전 시의 문제 발생으로 소송까지 이르게 되는 경우를 너무도 많이 보았다. 이러한 문제를 원천적으로 차단하려면 여러 가지 노력이 필요하지만, 특히 기술이전 사후관리에도 힘을 기울여야 한다.

이와 함께 기술이전의 본래 취지를 잊어서도 안 된다. 기술이전의 주목적은 기술을 보유한 자가, 보유한 기술을 필요로 하는 자에게 그 기술을 이전하여 제품화·산업화하는 것이다. 양자는 이에 적극적으로 협력해야 할 의무를 지닌다.

대부분 계약당사자 간의 분쟁은 어느 한쪽이나 양자가 약속을 올바로 이행하지 않을 경우 발생한다. 이 같은 이유로 계약서를 구체적으로 작성해야 한다. 그렇지 않으면 법적 분쟁을 법원의 해석에 맡겨야 하는 결과를 초래한다.

특허의 유효성 보장에 대한 계약서 조항

❶ 특허는 등록이 되더라도 언제든지 무효가 될 수 있다. 곧 특허등록이 특허의 유효성을 보장하지 않는다.

❷ 기술이전 시 특허가 무효가 되면 심각한 문제가 발생할 수 있으므로 이에 대한 안전책으로 계약서에 다음과 같은 조항을 넣는 경우가 많아지고 있다.

제18조(연구소의 보증의무 면제 및 민·형사상 면책)

① 연구소는 실시권자가 본 "기술"을 활용하면서 발생하는 어떠한 경우에도 연구소의 기술수준 이상으로 "기술"의 실용화나 성공적인 활용 및 상품화에 대한 보증 내지 손해 배상에 관한 약속이나 예정에 관하여 설정하지 아니하며, 실시권자는 자신의 책임으로 본 계약에 의한 기술이전의 필요성을 판단하여야 한다.

② 연구소는 "기술"이 제삼자의 권리를 침해하지 않는다는 것을 보증하지 아니하며, 연구소는 실시권자가 "기술"을 실시함에 따라 발생할 수 있는 실시권자의 어떠한 손해, 손상 또는 인적 상해에 대하여도 책임지지 아니한다.

③ 연구소는 실시권자에게 특허권의 신규성 및 진보성 등의 유효성에 대하여 보증하지 아니한다.

④ 연구소는 실시권자가 본 계약의 필요성을 판단한 이상, 본 "기술"의 실용화나 성공적인 활용 및 사업화에서 발생되는 손해 등에 대해 어떠한 민·형사상 책임을 지지 아니한다.

제19조(부쟁의무 등) 실시권자 및 실시권자에게 물품을 납품하는 등 실시권자와 협력관계에 있는 제삼자는 [첨부 1] "기술이전 내용 및 범위"에 첨부된 보유기술 특허목록에 해당하는 등록특허에 대해 어떠한 이유에서도 무효를 다툴 수 없고, 출원 중인 특허들이 미등록이 되더라도 이에 대해 어떠한 문제도 삼지 아니한다.

❸ 유의할 것은 이러한 면책조항이 무조건 유효한 것은 아니라는 사실이다. 어느 한쪽에 일방적으로 유리하고 다른 한쪽에 일방적으로 불리한 계약조항은 불공정한 계약조항으로 무효가 될 수 있다.

다만 계약서에 그 내용을 충실히 담는다고 해도 양자 간에 구속력이 100퍼센트 생기지 않는 점을 유의해야 한다. 요즘 계약서를 보면 어느 일방에게 유리하도록 면책조항(예를 들면 '이유 여하를 불문하고 본 사항에 대한 모든 책임은 갑에게 있다')을 포함하는 경우가 많다. 이럴 경우 법적 효력이 없어질 수도 있다. 불공정 계약조항으로 무효가 될 수 있기 때문이다. 계약서를 무조건 나에게 유리하게 작성하는 것이 모든 것을 해결해주지 않는다는 점을 명심해야 한다.

결국 기술이전계약은 기술공급자와 기술도입자 간의 본격적인 협력을 뜻한다. 양 당사자는 기술이전이 계약서 내용대로 잘 이행될 수 있도록 최선을 다해야 한다. 특히 기술제공자는 계약이 종료될 때까지 기술이전이 잘 완료될 수 있도록 지속적으로 관찰해야 한다. 기술이전 사후관리를 잘 하면 상대측에서도 '나를 대우해준다'라는 생각을 갖게 되어 기술이전이나 후속조치 등에 더 협조적으로 대한다는 점을 기억하자.

이것이 핵심이다 !

- ⊛ 기술이전은 계약 후가 더 중요하다.
- ⊛ 기술이전은 기술제공자와 기술도입자 간의 협력과 신뢰를 바탕으로 진행하는 것이다.
- ⊛ 계약서 내용을 유리하게 작성해도 100퍼센트 유효하지는 않다.

기술지도, 왜 그렇게 중요한가?
- 기술지도의 중요성과 고려 사항

    기술이전계약이 완료되면 양자 간에 기술이전계약서에 합의된 대로 이행을 해야 한다. 따라서 기술이전계약서를 작성할 때 계약이 완료된 후에 무엇을 이행하여야 하는가에 대해 명확히 적시하는 것이 무엇보다 중요하다.

    기술공급자는 기술이전의 내용에 명시된 대로 기술이전을 위한 서류 및 자료 등을 제공하고 권리이전 절차에 협조하여야 하며, 기술지도가 있다면 기술지도 의무도 이행해야 한다. 단순히 특허 몇 건 이전하는 정도라면 별로 문제될 것이 없다. 하지만 기술지도가 포함된다면 이야기가 달라진다. 기술지도의 내용, 횟수, 범위, 기술지도의 장소, 기술지도 시 소요되는 비용이 발생할 수 있으므로 계약서에 이를 구체적으로 명시해야 한다.

기술지도가 있는 기술이전계약은 기술지도 조건을 잘 설정해야 한다. 기술지도는 기술공급자 측의 해당 기술개발자(연구자)가 직접 수행해야 하기 때문이다. 본인의 연구나 업무에 영향을 미치지 않는 범위 내에서 수행할 수 있도록 주의를 기울여야 한다.

문제가 되는 것은 기술지도 비용이 발생하는 경우와 기술지도의 횟수, 장소 등이다. 이를 자세히 알아보도록 하겠다.

첫째, 기술지도 비용에 대한 부분이다.

기술지도가 포함되어 있는 계약의 경우 기술공급자는 기술이전 계약 체결 전에 기술지도 비용에 대해 명확히 적시해놓아야 한다. 기술지도비용에 크게 신경 쓰지 않다가 나중에 문제가 되는 경우를 실무를 담당하면서 수차례 보았다. 기술지도 비용을 누가 부담할 것인지와 어떻게 정할 것인지에 대한 사전 조율이 필요하다.

기관에서 수령하는 기술료에 기술지도 비용을 포함하는 것은 그다지 바람직하지 않다. 비영리기관의 경우 기술료가 입금될 때 50퍼센트는 연구자에게 인센티브로 지급되고, 나머지 50퍼센트는 기관에 흡수되는 것이 일반적이다. 이 경우 기관 흡수분에서 기술지도 비용을 별도로 제공해준다면 문제가 없겠지만, 그렇지 않다면 비용으로 인한 여러 문제가 생길 수 있다. 따라서 기술지도 비용은 기술료 계약과 별도로 산정하는 것이 좋다. 다만 기술도입자 측에서 기술료 총액을 정액으로 예산 책정해놓았다면 다음과 같이 계약을 체결하면 된다.

총 계약 ➡ 기술료 계약 규모(기술지도) 포함: 10억 원

계약 1) 기술이전계약: 8억 원
계약 2) 기술지도계약: 2억 원

곧 기술지도 포함 10억 원의 계약이라면 기술지도비는 그만큼 감액하여 기술이전계약을 체결하고 감액분을 별도의 기술지도계약으로 체결하는 방법이다. 기술지도비는 용역이나 자문료 형식으로 계약을 체결하는 것이 일반적이다.

기술지도 비용 산정은 기본단가에 인건비, 자재비, 경비(출장비 등)를 포함해 산정하되, 인건비는 시간당 단가 기준으로 적용한다. 이때 인건비와 출장비 등은 이동일까지 함께 고려하는 것이 좋다.

둘째, 기술지도 횟수를 잘 설정해야 한다.

기술지도를 너무 많이 해야 한다면 연구자의 연구 활동에 영향을 미칠 수 있으므로 적절한 선에서 타협점을 찾아야 한다. 당연히 기술도입자 측에서는 최대한 많은 기술지도를 원할 것이므로 기술이전계약 시 이를 정확하고 구체적으로 명시하여야 한다.

기술지도 비용을 기술도입자 측에서 부담한다면 자동으로 기술지도 횟수도 줄어들 것이므로 이를 잘 활용할 필요가 있다. 기술지도 기간도 기술지도 횟수를 고려하여 적절한 선에서 조정해야 한다.

셋째, 기술지도의 장소도 매우 중요하다.

정해진 장소에서 기술이전을 할 수밖에 없는 경우라면 문제될 것이 없

다. 하지만 원거리일 경우, 가령 기술도입자의 근무지가 부산이고 기술제공자가 서울이라면 이동하기도 쉽지 않을 뿐더러 시간과 비용도 많이 소요된다. 기술지도의 장소도 가급적 정확히 명시하여 어느 일방이 피해를 입지 않도록 적절히 조절하자.

기술지도 완료 후 추가로 기술지도 사항이 발생할 때는 별도의 자문계약(유지보수계약)이나 수탁(용역)사업을 발주하는 형태로 진행하면 된다.

이것이 핵심이다 !

⊛ 기술이전계약에 기술지도가 포함되어 있을 경우 이를 구체적으로 협의해야 한다.

기술이전 완료, 어떻게 매듭짓나?
- 기술이전 완료확인서의 필요성

기술이전이 완료되었다고 생각되면 기술제공자는 기술도입자와 협의하여 기술이전 계약완료를 명확히 해두는 것이 좋다. 바로 기술이전 완료확인서를 받는 것이다. 그렇지 않으면 기술이전의 완료 및 유효성에 있어 두고두고 문제가 될 수 있다.

기술이전 완료확인서는 기술이전이 완료되었으며 기술의 이상 유무에 대해서 이의를 제기하지 않겠다는 상호 간의 약속을 문서화한 것이다(예시). 기술이전 완료확인서는 기술이전에 대한 분쟁 발생 시 이를 조정하는 가장 중요한 역할을 한다.

기술제공자 측에서는 기술이전에 대한 마무리를 지을 수 있다는 점에서, 기술도입자 측에서는 기술에 대한 인수를 완료했다는 점에서 인수증과 같은 효력을 가지기 때문이다.

기술이전 완료확인서

1. 이전 기술명:
2. 기술이전기관: OOO 연구소
3. 실시기관(기업)명: OOO (주)

위 기술이전계약에 의한 실시 대상 기술(기술이전의 내용 및 범위)에 관하여 기술이전기관 기술이전책임자가 동 계약서에 명기된 기술자료를 제공하고 기술이전을 완료하였으며, 실시기관은 '이전 대상 기술 및 시험 절차서/결과서'의 기능을 확인하고 이에 대한 이의가 없음을 확인합니다.

20 년 월 일

실시기관(기업):
주　　소:
실무책임자:　　　　　(인)
대 표 자:　　　　　(인)

기술이전 완료확인서(예시)

기술이전이 완료되었어도 완료확인서 제출을 기술도입자 측에서 거부할 수 있다. 이를 방지하기 위해 계약서 조항에 '기술이전이 완료될 경우 기술이전 완료확인서를 제출해야 한다'라는 내용을 사전에 명시해놓는 것이 좋다.

문제는 기술제공자 측에서는 기술이전이 완료되었다고 하는데 기술도입자 측에서는 아니라고 주장하는 경우이다. 계약서의 기술이전의 범위 내용대로 충실하게 기술이전이 완료되었다면 문제될 것이 없지만, 아닐 경우 분쟁이 발생할 수 있다. 따라서 계약체결 시 계약서상의 '기술이전의 범위'에 이를 분명히 해둘 필요가 있다.

기술이전(기술지도 포함)은 장기간 진행하기보다는 단기간에 끝내는 것이 효율적이다. 기술이전 기간이 단기간이 아닐 경우(수개월을 초과할 경우), 기술이전을 완료시키고 유지보수 형태의 계약으로 체결하는 것도 한 방법이다. 이 역시 계약서에 미리 명시해놓아야 한다.

추가로 기술이전 완료확인서 징구 시 기술도입자에 대한 기술이전 만족도 조사 등을 함께 실시하여 기술이전 업무에 적극적으로 반영하는 것도 매우 좋은 방법이다.

이것이 핵심이다 !

❈ 기술이전 완료 시점에 기술이전 완료확인서를 받도록 하자.

기술이전, 계약만 하면 끝인가?
- 기술이전 추적관리의 필요성

기술이전계약과 기술이전절차가 모두 완료되었으면 그것으로 기술이 전은 모두 끝난 것일까? 이후 기술도입자 측에서 어떠한 행위를 하든지 관여할 바 없는 것일까? 정답은 그렇지 않다이다.

기술료도 받고 기술지도까지 모두 끝났어도 기술이전계약은 끝난 것 이 아니다. 내가 제공한 기술로 제품화·산업화가 얼마나 이루어지고 있 는지 끝까지 관찰해야 한다. 이를 '기술이전 추적관리'라고 한다.

사실 대부분의 기술이전계약에서 추적관리를 하는 경우는 거의 없다. 인력과 시간이 추적관리를 할 만큼 여유롭지 못하기 때문이다. 추적관리 를 한다고 하면 시간이 남아 도냐는 등 핀잔을 들을 수도 있다.

그러나 기술이전 추적관리는 반드시 해야 한다. 기술이전의 취지인 산 업발전을 위해서 기술의 사업화가 잘 이루어질 수 있도록 하는 것은 기술제공자나 기술도입자가 가지는 공통의 책무이다. 추적관리를 함으로써 사업화 추진 시 발생할 수 있는 문제들에 대하여 선제적으로 대응하고, 비정상적인 문제가 발생하지 않도록 세심하게 관리할 필요가 있다.

연구소에서 기술이전 업무를 담당하면서 느낀 점은 사후관리를 너무 안일하게 생각한다는 사실이다. 기술이전이 끝나면 마치 기술공급자 측에서 아무것도 할 일이 없는 것처럼 연락을 끊어버리는 것은 결코 바람직하지 않다. 주기적으로 확인하고 관리하고 연락을 취하는 것이 좋다. 기술이전이 끝난 계약을 관리하는 체계를 마련하여 일정 수준에서 감시해야 한다.

몇 해 전에 정부 부처로부터 국가연구개발사업을 통해 이전된 기술의 추적관리 실태 자료를 요구 받은 적이 있다. 하지만 추적관리를 한 적이 없어서 기술개발자에게 일일이 물어보고 기술이전기업에 전화해서 관련 실태를 조사하였다. 그때 느낀 점이 '이러한 실태조사가 반드시 필요

사후관리 등급 예시

기술이전 추적관리를 위한 방법은 다양하다. 가장 좋은 방법은 일종의 사후관리 등급을 만들고 등급별로 가중치를 두어 관리를 하는 것이다. 가령 다음과 같이 구분하여 관리한다.

등급	주요 내용	관찰 주기
A등급	국가핵심기술 기술이전 혹은 기술료 규모 30억 이상	실시간
B등급	산업기술 기술이전 혹은 기술료 규모 10억 이상	분기별
C등급	연구원 R/R 부합기술 혹은 기술료 규모 3억 이상	반기별
D등급	기술료 규모 3억 이하	연도별
E등급	기술을 더는 활용하지 않는다거나 후속 기술이 나와 이전된 기술사용이 필요가 없어질 경우	계약 종료

하구나' 하는 것과 기업에서도 귀찮아하지 않고 잘 협조를 해준다는 것이었다.

앞으로는 기술이전의 추적관리가 강화될 것으로 보인다. 추적관리를 함으로써 기술이전기업에 사후 검증을 통한 동업자 의식을 고취시키고 추가 기술이전으로 나아가기 위한 발판을 마련하는 한편, 추후 진행할 기술개발의 방향 설정, 사후 서비스 강화에 따른 기술검증 등 다양한 시도와도 접목할 필요가 있다고 생각한다.

이것이 핵심이다！

❊ 기술이전 후에는 현재 산업화에 대한 진행 상황이 어떠한지 추적관리 하는 것이 매우 필요하다.

경상기술료, 제대로 받을 수 있는가?
- 경상기술료 매출액 검증 노하우

경상기술료 계약에 대해서는 제4장에서 이미 설명하였다. 경상기술료 계약체결 시 기업에서 매출이 발생할 경우 계약내용에 따라 경상기술료를 청구해야 한다. 이때 가장 핵심이 되는 사항이 매출액 조사이다. 매출액 조사가 확실히 이루어져야 이를 근거로 경상기술료를 청구할 수 있다. 경상기술료 매출액 검증은 경상기술료 계약에서 가장 논쟁이 되는 부분이기도 하다.

경상기술료 대상 매출액 산정을 위한 방식은 다양하다. 참고로 매출액 검증을 위한 국가 가이드라인이 2014년에 안내된 바 있다. 가이드라인의 내용도 필자가 설명하는 방법과 크게 다르지 않다. 지금부터는 경상기술료 매출액 검증을 자세히 알아보도록 하겠다.

1. 경상기술료 계약의 형태

경상기술료 계약의 형태는 천차만별이다. 정형화되어 있는 형태가 있기는 하지만 계약은 사인私人 간에 이루어지는 것이므로 자유롭게 체결할 수 있다.

실제로 경상기술료 계약은 매우 다양한 형태로 맺어진다. 가장 일반적인 것이 '매출액의 ○○퍼센트' 형태의 계약이다. 곧 해당 기술을 활용하여 매출액이 발생할 경우 이를 토대로 경상기술요율을 곱하여 경상기술료를 산정하는 방식이다.

이외에도 정말 많은 방식이 있으나, 대체로 선급기술료 일정액에 경상기술요율을 더하는 방식이 주를 이룬다.

2. 경상기술료 매출액 조사 방법

경상기술료 산정에 기본이 되는 매출액(순이익보다는 매출액을 기준으로 삼는 경우가 많은데, 기준에 따라 기술료가 달라질 수 있으므로 계약서에 그 기준을 명시해 두어야 한다)을 산정하는 기준은 회계 결산기준이 일반적이다.

대부분의 기업이 회계연도(1월 1일~12월 31일) 기준으로 결산을 하며, 결산결과(결산서)는 그다음 해 3~4월경 확정된다. 이를 근거로 매출액을 조사하여 경상기술료를 청구한다. 곧 결산서상의 매출액을 조사하고 매출액의 발생 근간이 되는 매출원장을 수령하여 해당 기술을 활용해서 발생한 매출액을 산정한다. 여기에 경상기술요율을 곱하여 최종 경상기술료를 산정해 나가는 방식이다.

경상기술료 매출액 산정 방식

가령 A회사의 예를 들어보자.

   가) 매출액: 50억 원

   나) 매출액 중 점유제품 비율: 20%(10억 원)

   다) 점유제품 중 해당 기술 기여도 비율: 30%

   라) 경상기술요율: 5%

경상기술료 산정 방식은 아래와 같다.

   경상기술료 징수액

   = 매출액* × 점유제품비율** × 기술기여도*** × 경상기술요율

   = 매출액(50억) × 점유제품비율(20%) × 기술기여도(10%) × 경상기술요율(5%)

   = 50억 × 0.2 × 0.3 × 0.05 = 15백만 원

➡ 최종 경상기술료는 15백만 원이 된다.

*매출액: 발생한 전체제품 매출액

**점유제품비율: 전체제품 중 기술이 투입된 제품의 비율

***기술기여도: 제품 중 기술의 기여 정도

3. 경상기술료 매출액 확인 서류

경상기술료 산정을 위하여 기업에 확인해야 하는 서류는 기관마다 천차만별이지만 대략 다음과 같다.

   첫째, 매출액을 증명할 수 있는 서류

      ⇨ 결산서 혹은 세무조정계산서

   둘째, 매출액 중 해당 제품을 확인할 수 있는 서류

      ⇨ 매출원장 혹은 재고자산수불부

매출액이 없다면 여기에 '매출미발생사유서'를 받도록 한다. 매출미발생사유서에는 매출이 미발생했다는 증명과 미발생한 사유, 사업화 예상기간 및 향후 추진 방향에 대한 내용이 들어가게 한다.

문제가 되는 것은 기술기여도이다. 이를 산정하기가 절대 쉽지 않기 때문이다. 기술기여도를 가장 잘 알 수 있는 자는 기업이고, 그다음이 해당 기술을 개발한 연구자이다. 양자의 입장이 다르면 둘의 의견을 종합하여 기술기여도가 얼마나 되는지 산정하는 수밖에 없다.

상호 협의하여 적절한 수준에서 도출하는 것이 가장 바람직하겠지만, 만약 협의가 되지 않는다면 동종의 유사한 기술이전 사례를 바탕으로 산정해야 한다. 필자의 경험으로는 대체로 기업에서 제시한 기술기여도에 거의 개발자가 동의하는 형식을 취하는 것 같다.

4. 경상기술료 현장 실사

매출액 검증 서류가 부실하게 제출되거나 허위로 의심이 되는 경우에는 이를 보완하여 제출 받아야 한다. 또한 지속적으로 부실하게 제출할 경우 관련 전문가(회계사 등)를 대동하고 현장 실사를 나갈 필요가 있다. 경상기술료 계약대로 관련 서류를 제출한 것인지 확인해야 한다.

경상기술료 계약체결 시 이러한 점을 사전에 계약서에 반영해놓아야 한다. 그렇지 않을 경우 기업에서는 경상기술료 납부를 회피하기 위하여 경상기술료 매출액이 없다고 허위신고 할 가능성이 크다. 현장 실사를 나갈 경우에는 사전에 서류열람 대상 목록을 통보하고 자료를 회신 받아 방문 전에 미리 검토하는 것이 좋다.

현장 실사는 어디까지나 현장에서 정상적 자료 제출을 위한 압박 수단으로 작용하는 부분이 크다. 경상기술료 계약이 많은 기관의 경우 반드시 현장 실사를 하여 매출액 검증이 확실히 이루어지고 있음을 각 기업들에 확인시켜야 한다.

필자는 매출액 증빙서류를 받을 때 각 기업에 자료가 부실한 곳 두 군데를 현장 실사를 나가겠다고 다음과 같이 안내하고 있다.

✉ **경상기술료 매출액 검증 현장 실사 안내 메일(예시)**

경상기술료 매출액 조사 시 제출서류를 불성실하게 제출하거나 허위제출이 의심되는 경우 불성실 제출로 간주하여 계약서 제00조에 의거 현장 실사를 나갈 예정입니다. 제출서류를 잘 챙겨서 현장 실사 대상 기관에 선정되지 않도록 만반의 준비를 하여 주시기를 요청합니다.
올해에는 자료 제출이 부실한 2개 기관에 현장 실사를 계획하고 있습니다.

현장 실사 안내를 하면 대부분의 기업이 매출액 서류를 정성껏 작성해 주었다. 이처럼 현장 실사는 간접 압박으로 경상기술료 매출액 조사에 좋은 도구로 쓰일 수 있다.

5. 경상기술료 매출액 조사 용역

최근에는 경상기술료 매출액 조사를 외부에 용역 의뢰하는 기관들이 많이 생겨나고 있다. 이는 대부분의 기관이 TLO 인력을 충분히 확보하지 못하고 있기 때문이다. 한정된 인원으로 경상기술료 매출액을 조사하기가 현실적으로 어려운 것도 사실이다.

매출액 조사 용역을 시행할 경우 비용이 발생하기는 하지만, 보다 전문화된 기관의 제삼자가 매출액을 살펴본다는 점에서 객관적이고 정확한 조사가 가능하다.

뿐만 아니라 매출액 부실 조사로 인한 책임 소재에서도 일정 부분 자유로울 수 있다. 이러한 장점 때문에 요즘 들어 많은 기관이 선호하고 있다. 다만 기관에서 직접 수행하는 것이 아니므로 조사 때 애로 사항이 발생할 수 있다. 기업들이 잘 도와주지 않을 경우 협조적으로 조사가 이루어질 수 있도록 미리 양해를 구하는 것이 좋다.

이것이 핵심이다!

- 계약 규모가 크거나 매출액 신고가 의심 될 경우 현장 실사를 나가야 한다.
- 경상기술료 계약이 많은 기관은 매출액 조사를 외부전문회사에 맡기는 것도 좋은 방법이다.

기술료 인센티브, 어떻게 배분할까?
- 기술료 수입의 배분

　기술이전 계약조건에 따라 기술료가 입금되면 어떻게 처리해야 할까? 일반기업의 경우 기업에서 정한 내부규정에 의거해 처리하면 된다. 하지만 대학이나 공공기관(연구소 포함)은 이를 규율하는 규정이 있다. 대통령령인 '국가연구개발사업의 관리 등에 관한 규정(이하 '공동관리규정'이라 한다)' 제23조(기술료의 사용)로, 그 내용은 다음과 같다.

공동관리규정 기술료 배분

연구개발성과 소유기관이 비영리법인이면 징수한 기술료를 다음 각호에 따라 사용하여야 한다.
❶ 정부 출연금 지분의 5퍼센트 이상: 지식재산권의 출원·등록·유지 등에 관한 비용
❷ 정부 출연금 지분의 50퍼센트 이상: 연구개발과제 참여연구원에 대한 보상금
❸ 정부출연금 지분의 10퍼센트 이상: 개발한 기술을 이전하거나 사업화하기 위하여 필요한 경비
❹ 제1호부터 제3호까지의 규정에 따른 금액을 제외한 나머지 금액: 연구개발 재투자, 기관운영경비, 지식재산권 출원·등록·유지 등에 관한 비용 및 기술확산에 기여한 직원 등에 대한 보상금

대통령령인 '국가연구개발사업의 관리 등에 관한 규정'을 줄여서 '공동관리규정'이라고도 하는데, 국가연구개발사업을 통할하는 규정이라서 이렇게 부른다. 공동관리규정을 기본으로 하여 각 부처별로 대동소이한, 기술료 지급에 관한 규정을 가지고 있다. '기술의 이전 및 사업화 촉진에 관한 법률(약칭 '기술이전법')' 시행령 제24조(공공기술 이전에 대한 성과 배분)에도 관련 규정이 명시되어 있다.

기술이전법 기술료 배분

기술의 이전 및 사업화 촉진에 관한 법률 시행령 제24조(공공기술 이전에 대한 성과 배분) ②법 제19조 제2항에 따라 연구자 및 기술의 이전에 기여한 사람에게 배분하는 보상금은 다음 각호의 구분에 따른 금액 또는 그에 상응하는 자산으로 한다.

❶ 연구자: 연구자가 개발한 기술을 이전하거나 사업화하여 얻은 기술료의 100분의 50 이상
❷ 기술의 이전에 기여한 사람: 연구자가 개발한 기술을 이전하거나 사업화하여 얻은 기술료의 100분의 10 이상

기술이전법 시행령에서 규정하는 것은 '기술이전 기여자 인센티브'이다. 곧 기술이전에 기여한 자(보통 지원 인력 내지 행정 인력)에게 지급하는 인센티브로 기술료 수입의 10퍼센트 이상을 배정하게 되어 있다. 따라서 양 규정(공동관리규정, 기술이전법 시행령)을 종합하면,

1. 지식재산권 관리비: 5퍼센트 이상
2. 기술이전 참여자 인센티브(연구자 인센티브): 50퍼센트 이상
3. 기술이전 및 사업화 경비: 10퍼센트 이상
4. 기술이전 기여자 인센티브: 10퍼센트 이상

으로 의무 계상분이 75퍼센트이다. 나머지 25퍼센트는 기관의 상황에 맞게 배분하여 사용하면 된다.

　연구자에게 지급해야 하는 기술료는 50퍼센트 이상이다. 이를 직무발명보상금이라 부르는데, 그 전에 알아야 할 것이 직무발명이다(직무발명과 직무발명보상금에 대해서는 제2장을 참조).

　직무발명은 쉽게 설명하면 회사의 직원이 직무와 관련하여 발명한 것이 사용자의 업무 범위 속한 것이라면 그 발명을 사용자에게 승계하는 것을 말한다. 승계는 건건이 이루어지기도 하고, 포괄적으로 사전에 약정한 대로 이루어지기도 한다.

　직무발명의 대가로 발명자에게 일정한 보상을 해주는 것이 직무발명보상금이다. 다시 말해 회사에서 업무와 관련하여 발명한 것의 소유권을 회사로 넘기고 그 대가를 받는다고 보면 된다. 발명에 대한 보상을 회사에 청구하는 것이 직무발명보상금인 셈이다.

　보상은 기관마다 천차만별이다. 직무발명을 도입한 취지를 살펴보면

기술이전 기여자 인센티브 지급 방식

기술이전 기여자 인센티브와 관련하여 항상 문제가 되는 것이 지급 대상에 대한 부분이다. '기술이전에 기여한 자'를 어떻게 해석하느냐에 따라 지급 대상이 달라질 수 있기 때문이다.
'기술이전에 기여한 자'에 대한 해석은 크게 3가지로 나뉜다.
❶ 지원 인력 모두에게 지급하는 방식
　– 지원 인력은 연구개발 초기부터 기술료 입금까지 직·간접적으로 기여가 있다는 전제하에 지급하는 방식
❷ TLO 인력에만 지급하는 방식
❸ TLO의 마케팅 수행으로 확보한 기술료만 TLO에 배정하는 방식

종업원에게 보상함으로써 기술개발 의욕을 높이고, 기업은 기술 축적과 이윤 창출로써 기업 성장의 원동력으로 삼는 점은 앞에서 설명한 바와 같다.

직무발명보상금은 크게 등록보상과 기술이전보상으로 나눌 수 있다. 여기서 언급하는 것은 기술이전보상(기술료)이다.

기술이전 기여자에 대한 인센티브 지급 방식은 앞의 3번이 가장 좋다고 생각한다. TLO가 주도하지 않은 기술이전은 기여자 인센티브에서 제외하고, TLO가 주도한 기술료 수익은 기여자 인센티브에 포함시키는 게 취지상 옳다. 1번 방식은 간접 지급자의 범위를 산정하기가 어렵고, 지급 대상 인원이 늘어나 취지가 훼손될 수 있다. 2번 방식은 특혜 시비가 있을 수 있다.

이것이 핵심이다 !

⊛ 직무발명은 회사의 직원이 개발한 발명을 회사로 승계하는 것이다. 직원은 그 대가로 보상금을 받는다.

기술료 과세, 이대로 괜찮은가?
- 기술료 과세에 대한 생각

　최근 과학기술계를 뜨겁게 달군 이슈가 직무발명보상금의 과세 문제다. 직무발명보상금이 전액 비과세였다가 2016년 말 소득세법 개정으로 개인당 연간 300만 원을 초과하는 금액은 과세로 바뀌었기 때문이다. 이에 따라 2017년부터 재직 중에는 근로소득, 퇴직 후에는 기타소득으로 분류되었고, 특히 근로소득 합산으로 매달 부담해야 하는 4대 보험 또한 연동해서 올라가게 되었다.

　개정 이유는 직무발명보상금이 직무 중 발생한 근로소득인 만큼 명확히 과세대상이라는 것이다. 다만 발명을 장려하기 위해 시작된 발명진흥법의 취지를 살리고자 개인당 연 300만 원까지는 비과세로 한다는 정부의 설명이 있었다.

　개정안이 나오자 과학기술계에서는 기술이전을 하고 40퍼센트에 가까운 소득세 폭탄을 맞느니 차라리 하지 않겠다는 반응을 보였다. 정부와 연구계의 의견이 첨예하게 대립되었지만 결국 입법예고한 대로 시행되었다.

필자는 다음과 같은 측면에서 개정에 대해 생각해보고자 한다.

첫째, 직무발명보상금이 지난 30년 넘게 비과세를 유지한 취지이다.

본래 직무발명보상금은 직무발명자에게 세제 혜택을 줌으로써 기술개발 의욕을 끌어올리는 인센티브 성격을 가지고 있다.

그런데 우리나라가 현재 과학기술 선진국에 진입하여 세계적으로 우수한 연구성과를 내고 있는 상황도 아니고, 기술료 수입도 우수한 기술을 창출한 연구자만 한정적으로 받고 있는 상황에서 과연 비과세 전환이 적절했는지 묻고 싶다.

말이 300만 원까지 비과세지 실질적으로는 과세나 다름없다. 기술료는 일부 연구자에게 집중되고 300만 원 비과세 혜택으로 돌아가는 금액이 미미하다는 점에서 비과세 혜택은 그다지 실효성이 없다. 정부에서도 이러한 문제점을 인식하였는지 2019년부터는 비과세 금액을 1인당 연간 300만 원에서 500만 원으로 소폭 상향하였다.

둘째, 직무발명보상금 제도의 취지이다.

직무발명보상금은 발명진흥법 제15조(직무발명에 대한 보상)에 의한 정당한 보상금에 한하여 소득세법 제12조(비과세소득)에 의하여 기타소득으로 구분된다. 발명진흥법에 의하여 종업원 등이 발명한 직무발명은 소유권이 회사에 귀속되고, 직무발명과 관련된 소득이 발생할 경우 회사는 발명자에게 직무발명보상금을 지급해야 한다.

따라서 종업원이 회사로부터 받는 직무발명보상금은 성과급이 아니라 자산양도의 대가로 받는 보상금이며, 회사는 직무발명보상금을 지급할 때 기타소득으로 구분하여 원천징수이행상황신고를 한다. 다시 말하면 회사는 직무발명과 관련하여 얻은 이익 일부를 직무발명을 한 당사자에게 돌려주는 것이다.

결론적으로 직무발명보상금을 회사가 지급하는 급여 성격의 보너스나 성과급 등으로 인식하는 것은 잘못된 생각이다. 직무발명보상금은 발명자가 발명에 대한 권리를 양도하고 받는 양도 대가라고 할 수 있다.

셋째, 법리적인 문제이다.

아래와 같이 대법원 2014두15559 판결에서 대법원은 지식재산권의 귀속 주체는 발명자이고 직무발명보상금은 지식재산권의 승계·양도의 대가로 지급되는 금원으로, 계속적·반복적 지급이 근로소득의 요건은

"최근 대법원은 정부출연 연구기관들이 연구개발 결과물을 기업체 등에 실시를 허용하는 대가로 기술료를 징수하여 개발 업무를 담당한 연구원들에게 지급한 직무발명보상금에 대하여 근로소득세가 부과된 사건에서, 연구기관들의 내부규정에 따라 합리적으로 산정된 직무발명보상금은 지급 방법이 규칙적·반복적이었다거나 그 지급 원인이 된 직무발명이 사업자의 목적사업을 수행하는 과정에서 이루어졌다고 하더라도 근로소득에 해당될 수 없다고 판결하였다."

_대법원 2015. 4. 23. 선고 2014두15559 판결

아니므로 직무발명보상금은 기타소득이며 비과세 대상이라고 판결한 바 있다.

넷째, 타 지식재산권과의 형평성 문제이다.

소득세법에 따르면 산업재산권, 산업상 비밀, 상표권 등의 양도 대가는 기타소득으로 구분한다. 문예, 학술, 미술, 음악, 사진에 속하는 창작품의 원작자로서 받는 소득도 기타소득에 해당하며, 저작자, 실연자, 음반제작자 등 저작권, 저작인접권을 양도한 대가 역시 기타소득으로 구분한다.

기타소득 금액은 필요경비를 공제한 금액으로 산정하는데, 산업재산권 등의 양도 대가, 원작자의 원고료 등의 80퍼센트는 필요경비로 인정이 되며 나머지 20퍼센트만 과세가 된다.

이에 비해 같은 법 내에서 특허권 양도의 대가로 지급되는 직무발명보상금은 다른 지식재산권과 달리 필요경비 80퍼센트가 인정되지 않으며 500만 원만 비과세가 적용되는 모순이 있다.

다섯째, 퇴직 전 보상금이 근로소득이라면 퇴직 후는 퇴직소득으로 보아야 한다는 점이다.

소득세법에 따르면 퇴직 후 직무발명보상금은 기타소득으로 규정돼 있다. 이는 직무발명보상금의 법적 성질이 기타소득임을 인정하는 것이다. 퇴직 전 보상금이 근로소득이라면 퇴직 후는 퇴직소득으로 보아야 하는데 이는 앞뒤가 맞지 않는다.

이와 같이 정부에서는 비과세를 인정하면서도 한도를 1인당 연간 300만 원(지금은 500만 원)이라는 기이한 논리를 끌어들여 실질적으로는 과세와 다름없는 개정을 하고 말았다.

직무발명보상금은 개발자의 특허권 양도의 대가이므로 근로소득이 아니라 기타소득으로 규정해야 하며, 관련 대법원 판결의 취지에 따라 직무발명보상금을 비과세 소득으로 개정해야 한다. 이게 힘들다면 직무발명보상금도 타 지식재산권과 같이 필요경비를 80퍼센트로 인정하고 나머지를 과세하며 비과세 대상 범위를 대폭 상향해야 할 것이다.

이것이 핵심이다!

✾ 기술료 인센티브는 1인당 연간 500만 원까지만 비과세이다.

제6장

창업과
연구소기업

기술사업화의 가장 바람직한 방향
- 창업 이야기

　기술사업화의 방식은 기술이전이 대표적이다. 하지만 창업도 기술이전 못지않게 강력한 기술사업화 방식 중 하나이다. 필자는 기술이전보다 창업이 훨씬 더 기술사업화에 적합하다고 생각한다. 창업은 고용 창출을 이루어낼 수 있기 때문이다. 기술사업화의 방향을 기술이전으로만 초점을 맞출 것이 아니라 창업에 대해서도 진지하게 고민할 필요가 있다.

　연구소나 대학에서 기술사업화에 있어 기술이전보다 창업을 우선시하지 않는 것은 다 이유가 있다. 신분이 보장된 교수나 연구원이 굳이 안정된 직장을 그만두고 무리수를 둘 필요가 없기 때문이다. 기업가정신 Entrepreneurship을 가지기 쉽지 않은 현실에서 창업은 기술이전보다 많이 활성화되지 않은 측면이 있다.

　대학이나 연구소의 창업도 이러한 문제로 연구소기업 창업에 그치고 있으며, 그 성공률 또한 높지 않다. 따라서 창업에 대한 획기적인 틀 Paradigm의 변화가 필요하고 그 틀을 만들기 위한 다양한 시도가 선행되어야 한다고 생각한다. 다음에 설명하겠지만 이스라엘 창업 모델이 좋은 예가 될 것이다.

과거보다는 창업에 대한 관심도가 높아진 것은 사실이다. 이는 창업에 대한 정부의 막대한 지원(?) 덕이다. 창업 성공 사례를 주변에서 흔히 볼 수 있는 점도 일정 부분 영향을 미쳤을 것이다. 가령 개인의 내면적 욕구의 변화도 중요한 이유가 될 수 있다고 본다. 창업으로 자신의 삶에 대한 목적을 이루고 자신이 원하는 대로 살고자 하는 개개인의 갈망이 창업에 대한 관심을 불러일으키고 있다.

일전에 우연히 '요즈마그룹코리아' 이원재 대표의 강의를 들은 적이 있다. 요즈마그룹은 1993년에 이스라엘에서 출범한 글로벌 벤처캐피탈 VC이다. 인구 850만 명에 불과한 작은 나라 이스라엘에서 왜 세계적인 벤처기업이 끊임없이 출현하는가에 대한 강의를 듣고 필자는 정신적 충격을 받았다.

이원재 대표는 다음과 같이 설명했다.

중동이지만 기름 한 방울 나지 않는 이스라엘이 왜 세계적인 벤처의 요람이 되었을까?

그 이유는 3가지이다.

첫째, 후츠파 정신이다. 후츠파 정신은 도전정신을 의미하는 것으로 실패를 용인하고 도전을 장려하는 유대인만의 고유한 정신이다.

둘째, 이스라엘 특유의 군대문화이다. 이스라엘은 남녀 모두 고등학교를 졸업하면 군대에 간다. 군대 중에서도 8200부대, 정보부대, 탈피오트Talpiot부대를 들어가기 위한 경쟁이 치열하다. 거기서 군사과학기술 정예시스템을 통해 배운 능력이 벤처기업과 연계되도록 교육 받는다.

셋째, 이스라엘 특유의 기술 인큐베이팅Incubating 프로그램이다. 이 프로그램은 글로벌 시장을 겨냥한다. 실제 투자의 87퍼센트가 해외투자다. 이스라엘에는 글로벌 연구센터가 350개가 모여 있다. 이들의 주목적은 연구개발R&D이 아니라 우수한 벤처기업을 인수합병M&A으로 사들이는 것이다. 벤처기업 인수를 위해 대기업이 모여들고, 겉으로는 R&D센터라고 부르지만 실질적으로는 M&A를 업으로 하고 있다.

우리나라의 국민 내비게이션 '김기사'가 다음Daum에 626억에 인수될 때 비슷한 사업 모델인 '웨이즈Waze'는 구글에 1조 2천억에 매각되었다. 우리나라는 국내 시장을 보고 창업을 하지만 이스라엘은 자체 시장이 너무나 작아 시작부터 전 세계 시장을 보고 창업을 한다.

필자는 이 같은 이스라엘의 창업프로그램이 우리에게 시사하는 바가 크다고 생각한다.

첫째, 실패를 인정하고 수용하는 자세이다. 창업하는 기업마다 모두 성공할 수는 없다. 실패하더라도 이를 발판으로 재도약할 수 있는 창업문화형성이 중요하다. 우리나라는 사업에 실패하면 무슨 범죄자인 양 취급한다. 이런 문화로는 우수한 벤처기업이 탄생할 수 없다. 교수나 연구자가 창업을 하더라도 언제든지 다시 돌아올 수 있는 환경 조성도 정착되어야 한다.

둘째, 산학연이 서로 연계하여 학문과 연구, 사업화가 연속성을 갖는 점이다. 학교, 연구소, 기업이 모두 따로 움직인다면 창업이 용이하게 이루어질 수 없다. 우리가 흔히 이야기하는 역할분담 곧 R&R_{Role & Responsibility}이 잘 이루어져야 한다.

셋째, 우수한 벤처기업을 대기업이나 글로벌 기업에서 인수합병할 수 있는 시장의 형성이다. 인수합병에 긍정적 시각을 갖는 일도 중요하다. 구글도 결국 안드로이드, 유튜브 같은 기업의 거대 인수합병을 통해 글로벌기업으로 성장했다. 따라서 시장의 추세를 인정하고 이에 알맞게 대응해 나가야 한다.

기업이 대형화할수록 이른바 '혁신'이라는 것이 어려워진다. 혁신 분야는 벤처기업에 맡기고 대기업은 이를 사업화하기 위한 시도를 하는 것이 바람직하다.

이것이 핵심이다!

⊛ 기술사업화의 가장 바람직한 방향은 창업이다.

창업과 취업, 무엇이 문제인가?
- 창업의 딜레마

요즘 창업에 대해 말이 많다. 경기가 호황일 때는 일자리가 넘쳐 취업에 큰 지장이 없지만, 호황이 있으면 불황이 있기 마련이라 일자리는 항상 부족하다.

최근 일자리 창출이 어려워지고 청년실업이 국가적 문제로 대두되고 있다. 대학을 졸업하고 쏟아져 나오는 청년 인력을 이 사회가 소화하기에는 아무래도 무리가 있는 듯하다. 다들 공무원이나 공기업처럼 보다 안정적이고 대우가 좋은 곳으로 취업하기를 원하기 때문이다.

필자는 이런 점을 예전부터 크게 우려해왔다. 정작 필자 자신도 공공기관에 몸을 담고 있지만 다시 시작점으로 돌아간다면 이곳으로 결코 오지 않을 것이다. 변화와 혁신, 얼마간의 '리스크'를 사랑하는 기질상 공공기관이 필자에게 적합하지 않다고 생각하기 때문이다.

우수한 인재들이 이렇게 안정적인 직장으로만 가려 한다면 우리 사회는 큰 문제에 봉착하고 말 것이다. 여러 분야로 다양한 인재들이 진출해 사회구성원으로서의 역할을 다할 때 사회가 제대로 돌아갈 수 있다. 그런데 공무원이나 공기업으로만 가려 한다면 이 사회가 도대체 어떻게 되겠는가?

정부에서 강조하는 것이 일자리 늘리기, 일자리 나눔과 창업이다. 일자리 늘리기는 기존 기업에 더 많이 채용할 것을 주문하고 있으며, 일자리 나눔은 임금피크제나 근로시간 단축을 통한 방법으로 진행하는데 그 효과가 과연 얼마나 있을지는 미지수다.

결국 정부에서 방점을 두는 것은 창업이다. 기존 직장에서 일자리를 만들어내는 것이 한계가 있으니 창업을 하라는 것이다. 하지만 고용은 경기부양으로 해야지 창업으로 해결하기에는 한계가 있다. 궁극적인 해법이 아닌 셈이다.

청년들이 공무원시험에 몰리고 공기업 선호도가 높아지는 현상은 안정적인 직장에 취업하여 안정적인 삶을 살고자 하는 욕구와 맞닿아 있다. 물론 삶의 리스크를 줄이고 상대적으로 높은 임금과 복지 혜택, 교육 혜택을 누리며 자기 자신을 계발하는 일은 매우 중요하다. 하지만 그 뒤에는 공급이 수요를 따라가지 못하면서 발생하는 많은 사회적 문제가 있고, 이로 인해 고학력 실업자가 양산되는 것은 매우 안타까운 일이다. 이러한 인력들이 뒤에서 이야기할 알리바바의 창업자 마윈이나 아마존의 제프 베조스, 애플의 스티브 잡스와 같은 역량 있는 인재로 발전해 나갈 수 있는 환경 조성이 필요하다.

현재 정부에서는 많은 청년들이 창업을 할 수 있도록 사회적 시스템을 마련하고 또 시행 중에 있다. 여기서 유의해야 할 점은 취업이 안 돼서 창업을 하는 것은 결코 방법론적으로 바람직하지 않다는 것이다.

필자는 우수한 인재가 공무원 조직에 들어가 그 조직에 매몰되는 것을 자주 보아왔다. 그렇다고 우수 인력이 공무원이 되지 말라는 것은 아니다. 다만 창업을 통해 기업을 일구고 더 나아가 세계적인 기업으로 발돋움할 수 있는 역량이 충분한 인재들이 본인의 역량을 발휘하지 못하는 현실이 답답할 뿐이다.

역사적으로나 경제적으로 보아도 민民보다 관官으로 인재가 몰리면 나라에 재앙이 될 수밖에 없다. 제조업이나 서비스업 등으로 부가가치를 창출하고 이를 통해 일자리를 늘려 나가는 것이 기업의 역할이고 이를 지원하는 것이 정부의 역할이다. 입술이 없으면 이가 시리듯이 민과 관은 불가분의 관계에 있다. 여기서 입술이 '민民'임은 두말할 나위 없다.

이것이 핵심이다!

✹ 창업은 실업률과 연계하여 바라볼 문제가 아니다.
✹ 우수한 인력이 공무원, 공기업이 아닌 창업으로 몰리도록 환경이 조성되어야 한다.

창업을 해야 하는 이유
- 창업의 동기

　창업을 왜 하고 싶은지 사람들에게 물어보면 대부분 대답이 한결같이 비슷하다.

　창업의 이유는 크게 현실참여적 창업과 현실도피적 창업으로 나누어 볼 수 있다. 여기서 현실도피적 창업은 바람직하지 않고 현실참여적 창업이 좋다고 말하지는 않겠다. 다만 이왕 창업을 결심했다면 최소한 마음만은 현실참여적으로 가져가야 한다고 생각한다.

현실참여적 창업	VS	현실도피적 창업
❶ 이른바 대박이 나서 부자가 되고 싶다. ❷ 창업에 너무 좋은 아이템이 있다. ❸ 주변에 창업으로 성공한 사람이 있다.		❶ 취업이 너무 어렵다. ❷ 조직생활에 맞지 않는다 (직장생활과는 맞지 않는다). ❸ 회사에서 퇴사하거나 해고를 당했다.

수많은 명언으로 화제를 남긴 알리바바의 창업자 마윈 회장馬雲은 이런 말을 한 적이 있다.

"35세까지 가난하면 그건 당신 책임이다."

이 말은 젊을 때 창업에 뛰어들어 부자가 되라는 말로 들린다. 실제 마윈은 35세에 알리바바를 창업했다. 만일 마윈이 20대로 돌아간다면 회사에 다닐까? 창업을 할까?

직장생활을 해서는 부자가 되는 것이 어렵다. 설령 부자가 된다고 하더라도 그건 35세가 아닌 나이를 꽤 먹은 임원이 되었을 때나 하는 이야기다. 직장에 매몰되어 그저 그런 월급을 받고 평생 남 밑에서 머리를 조아리며 살 것인가, 아니면 35세에 부자가 될 것인가라는 마윈의 말은 지금도 창업을 꿈꾸는 이 땅의 젊은이들에게 시사하는 바가 크다.

다음은 아마존의 창업자 제프 베조스Jeff Bezos의 말이다.

"1994년에 아마존을 시작하는 결정은 생각보다 쉽게 했다. 이때 나는 '후회 최소화'라는 생각 방식을 사용했다. 80세가 되었을 때 인생을 되돌아보면서 어떻게 하면 후회를 최소로 줄일까 생각하면 된다. 내가 80세가 되었을 때 아마존을 만들려고 시도했던 것을 후회하지 않을 것이다."

제프 베조스도 '지금 안 하면 후회할 것 같다'는 '후회 최소화' 방식으로 아마존을 창업했다. 창업도 다 적기가 있는 것이고, 세상의 모든 이치에 통달할 때쯤 되면 인간은 너무 늙어버린다. 선택의 갈림길에 있을 때 '후회 최소화'라는 다음의 질문을 자신에게 던져야 한다.

"지금 안 하면 앞으로 못 하겠지? 지금 안 하면 후회하겠지?"

스티브 잡스Steve Jobs는 명연설로 꼽히는 2005년 스탠포드대학교 졸업식 축사에서 이런 말을 했다.

"여러분의 시간은 제한적입니다. 그러니 다른 사람의 인생을 살며 귀중한 시간을 낭비하지 마십시오. 다른 사람들이 생각하는 방식과 의견에 휩쓸려 여러분 내면의 소리가 매몰되도록 하지는 마십시오. 그리고 가장 중요한 것은 여러분의 가슴과 직관을 따르는 용기를 갖는 것입니다. 여러분의 가슴과 직관은 진정으로 원하는 것을 알고 있습니다. 그 외 다른 모든 것들은 부수적인 것입니다."

결국 위대한 창업자들은 창업의 성공을 결코 돈, 명예 같은 세속적(?)인 것에 두지 않았다. 그들은 도전, 혁신, 아이디어, 헌신을 이야기했다. 필자는 이러한 정신이 창업을 성공으로 이끄는 일종의 '성공 DNA'라고 생각한다.

마윈이나 제프 베조스, 스티브 잡스가 한번에 성공했던 것은 아니다. 수많은 실패와 시행착오를 거치며 지금에 이르렀다. 그들에게는 불굴의 도전정신이 있었고, 창업에 대한 굳센 의지와 신념이 있었다.

직장생활을 오래한 선배들을 보면 물론 만족하고 다니는 사람들도 많다. 하지만 조직에 매몰된 자신의 모습을 보며 스스로 힘들어하며 지난 세월을 후회하는 사람들도 많이 보았다. 그러니 사회에 나오기 전 부단한 준비 과정을 통해 '나는 이 사회에서 어떠한 역할을 하며 살아갈 것인가' 하는 자기 진로와 정체성에 대한 고민을 할 필요가 있다. 고민 없이 사회에 나오는 사람과 고민을 충분히 하고 나오는 사람과는 분명히 행동이나 자세, 마음가짐, 과정, 결과에서 많은 차이가 있을 수밖에 없다.

그러면 창업에 성공한 사람들의 특징은 과연 무엇일까? 그들은 무엇 때문에 창업을 하였을까? 그리고 그들을 창업으로 이끈 것은 도대체 무엇일까?

창업에 성공한 사람들에게는 딱 한마디로 정의하기 힘든 일종의 '본능 Start-up Instinct' 같은 것이 보인다. 창업가들의 사연과 특징, 주변 환경 및 배경이 모두 제각각이라 공통된 분모를 찾기는 쉽지 않겠지만 그들은 모두 이른바 우리가 말하는 창업 유전자를 가지고 있었다.

창업기업의 대표들이 밝힌 창업의 이유는 다음과 같다.

> '사회생활을 통한 경험과 자신의 인생을 관통하는 개인적 관심사의 결합'
>
> _생태지도서비스 네이처링의 강홍구 대표

> 내가 '잘하는 것'을 쫓아갈 때에는 방향이 보이지 않았지만, '좋아하는 것'을 하니 방향이 보였다.
>
> _펠루 최윤진 대표

> 내가 관에 들어갈 때 '인생을 살면서 하고 싶은 일을 하면서 정말 보람되고 의미 있게 살았는가'
>
> _스마트재활솔루션 네오펙트 반호영 대표

이렇듯 창업에 성공한 사람들을 보면 일종의 '창업본능'을 가지고 있으며, 자신이 좋아하는 분야에 대하여 후회하지 않을 도전을 과감하게 실행했다는 특징이 있다. 겁이 많으면 창업은 쉽지 않다. 과감성, 도전성이 있어야 한다. 그래서 인생의 안정화 단계인 40대 이전이나 부양가족이 없을 때 창업에 도전하는 것이 더 좋다고 생각한다. 아무래도 나이가 많거나 부양가족이 있으면 새로운 도전 자체가 힘들어지기 때문이다.

필자는 창업을 결심해야 할 이유를 다음과 같이 말하고 싶다.

1. 본인 스스로 오너Owner가 되어 누구한테 끌려다니지 않으며, 본인의 사고와 판단대로 움직일 수 있다.
2. 사회적으로 가치 있는 일을 할 수 있다.
   : 새로운 아이디어로 세상을 바꾸어간다는 것은 그 자체로 세상에 기여를 하는 의미 있는 일이다.
3. 나의 또 다른 새로운 능력을 발견하게 된다.
   : 다양한 경험을 통해 또 다른 새로운 것을 접할 기회를 갖게 된다.
4. 세상을 바라보는 시각을 넓게 가지는 생산적인 사람이 될 수 있다.
   : 회사에 다닌다면 가질 수 없는, 당장의 생산성을 찾을 수 있는 사람으로 바뀌게 된다.
5. 수많은 사람과의 교류를 통해 성공적 마인드를 가질 수 있으며, 이에 자극을 받고 계속 성장한다.
6. 더 이상 안전한 직업은 존재하지 않는다.
   : 안전한 직업을 찾는 순간 도태가 시작된다. 변화와 혁신만이 살길이다.

7. 창업하기 좋은 세상이 되었다.

　: 나라에서도 창업을 지원한다. 정보기술의 발달로 전 세계가 하나
　가 되었다.

8. 시간, 공간, 경제적 자유를 누릴 수 있다.

　: 내가 원하는 시간에 일할 수 있고 쉴 수 있다. 내가 일하고 싶은 장
　소에서 일할 수도 있다. 잘하면 상상도 못 할 부자가 될 수 있다.

9. 잃는 것보다 얻는 것이 크다.

　: 성공하면 대박이고 실패해도 직장인보다 매우 앞선 사람이 되어
　있다.

10. 인생은 도박이다.

　: 가만히 있으면 아무것도 되는 게 없다. 버려야 얻는 것이 있는 법
　이다.

　'나는 20대나 30대에 왜 창업할 생각을 하지 않았을까?'

　20대 혹은 30대 젊은 나이에 그런 생각을 했더라면 하고 후회한 적이
많다. 그러나 확실한 것은 당시 창업에 대한 준비가 전혀 되어 있지 않았
다는 사실이다. 항상 늦었다고 할 때가 기회란 말이 있다. 필자도 언젠가
는 좋은 아이템을 가지고 더 늙기 전에 창업에 도전하고픈 욕심이 있다.

연구소기업의 출현
-창업의 예

　필자는 최근에 연구소의 창업 실무자로서 실제 연구소기업 설립을 담당하면서 그에 대한 나름의 노하우가 생겼다. 사실 연구소기업이 무슨 특별한 것이라기보다는 창업의 한 형태라고 보면 된다. 다만 출자 등 일반기업과 차별화된 몇 가지 요구 사항이 있을 뿐이다.

　연구소기업의 기본적인 정보는 소관기관인 연구개발특구진흥재단 누리집www.innopolis.or.kr에 잘 설명되어 있으므로 필자는 창업적 측면에서 연구소기업을 바라보고자 한다.

　연구소기업은 보통 연구소(대학)에서 지분(보통 기술)을 출자해 만든다. 지식재산권을 확보하고 이를 마케팅을 통해 사업화를 해야 한다는 점은 이미 설명한 바와 같다. 사업화의 방식은 기술이전이 일반적이지만, 창업 또한 사업화의 방식 중 하나라고 할 수 있다.

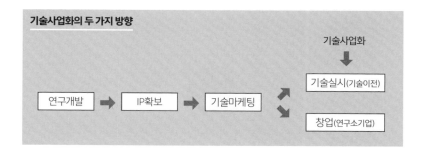

기술사업화의 두 가지 방향

기술사업화

연구개발 ➡ IP확보 ➡ 기술마케팅 ⬌ 기술실시(기술이전) / 창업(연구소기업)

일반 창업과 구분하여 연구소기업이 가지는 특징은 무엇일까? 왜 연구소기업 제도란 것이 생겨났으며, 현재까지 600개가 넘는 연구소기업이 만들어졌을까? 일반기업이 아닌 연구소기업으로 창업하는 이유는? 이러한 질문의 답을 찾아보면 연구소기업의 본질을 이해할 수 있다.

연구소기업은 말 그대로 연구소의 기술을 활용해서 만든 기업이다. 곧 연구소에서 보유한 우수 기술을 사업화하기 위한 기업이다. 따라서 연구소 보유기술을 통한 기술사업화의 한 예라고 보면 된다.

가장 대표적인 사례로 한국원자력연구원에서 기술을 출자하여 만든 ㈜콜마비앤에이치www.kolmarbnh.co.kr가 있다. ㈜콜마비앤에이치는 우리나라 제1호 연구소기업으로 연구소기업 우수 사례에 항상 첫 번째로 꼽힌다. 2015년 2월, 코스닥에 회사를 상장하며 막대한 이익을 거두었으며 언론에서 여러 차례 보도된 바 있다.

이제 이러한 우수 사례들을 중심으로 연구소기업이란 무엇이고, 어떻게 만들며, 일반 창업과의 차별성은 무엇인지에 대해 자세히 알아보도록 하겠다.

연구소기업, 어떻게 만들 것인가?
- 연구소기업의 형태

연구소기업이란 공공연구기관의 기술을 직접 사업화하기 위해 연구 개발특구(대덕, 광주, 대구, 부산, 전북) 안에 설립하는 기업이다. 공공연구기 관(정부출연연구기관, 전문생산기술연구소, 대학)의 기술력과 기업의 자본 및 경 영 노하우를 결합시킨 새로운 형태의 기업 모델이라고 할 수 있다.

주관부처는 과학기술정보통신부(구 미래창조과학부), 주무기관은 연구개 발특구진흥재단이다. 연구소기업은 공공연구기관이 설립 주체가 되는 데, 연구개발특구의 육성에 관한 특별법에 따라 자본금의 20퍼센트 이 상을 직접 출자(보통 기술을 출자한다)해야 한다.

설립 모델은 크게 3가지로 나눌 수 있다. 합작투자형, 기존기업출자형, 신규창업형이다.

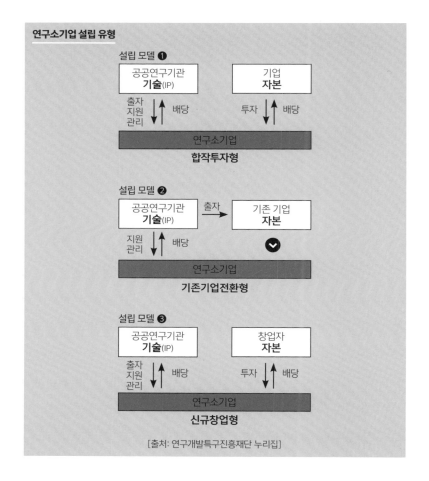

연구소기업 설립 유형

설립 모델 ❶

| 공공연구기관
기술(IP) | 기업
자본 |

출자 지원 관리 ↑↓ 배당 　　 투자 ↑↓ 배당

연구소기업

합작투자형

설립 모델 ❷

공공연구기관 **기술**(IP) → 출자 → 기존 기업 **자본**

지원 관리 ↑↓ 배당 　　 ⮟

연구소기업

기존기업전환형

설립 모델 ❸

| 공공연구기관
기술(IP) | 창업자
자본 |

출자 지원 관리 ↑↓ 배당 　　 투자 ↑↓ 배당

연구소기업

신규창업형

[출처: 연구개발특구진흥재단 누리집]

　　첫째, '합작투자형(공동출자형)'은 연구소에서 기술을 출자하고 기업이 자본을 출자하여 새로운 기업(제3의 기업)을 만드는 형태이다. 이번에 필자가 관여해서 만든 연구소기업 ㈜케이오프쇼어가 이 형태의 기업이다. 여기서 합작투자란 말은 연구소에서 기술, 기업에서 자본을 투자하는

'합작' 형태의 투자가 이루어진다는 뜻이다. 그 결과로 연구소기업이라는 새로운 기업이 생겨난다.

둘째, '기존기업출자형'은 연구소가 기업에 기술을 출자하여 기업이 연구소기업으로 전환되는 형태이다. 기존 기업에 출자하기 때문에 새로운 회사가 만들어지는 것은 아니다. 기존 기업을 연구소기업으로 전환하여 운영하는 것이 특징이다.

셋째, '신규창업형'은 창업자가 투자하고 회사를 새롭게 만드는 형태이다. 창업자는 연구소의 연구원이 되는 것이 일반적이다. 신규창업형은 말 그대로 새로운 회사가 생겨나는 것이다.

언뜻 보기에 유형이 서로 비슷해 보이지만 이 셋은 확연히 다르다. 다음의 예를 보면 이해하기 쉬울 것이다.

> 1. 합작투자형: A연구소(기술) + B회사(자본) → C회사(연구소기업)
> 2. 기존기업출자형: A연구소(기술) + B회사(자본) → B회사(연구소기업)
> 3. 신규창업형: A연구소(기술) + 창업자(자본) → B회사(연구소기업)

실제 연구소기업 설립 시 합작투자형이 45퍼센트, 기존기업출자형이 35퍼센트, 신규창업형이 20퍼센트 정도로 나타나고 있다.

필자는 운 좋게도 연구소기업 담당자로 근무하면서 3가지 연구소기업 형태를 직·간접적으로 모두 경험해보았다. 어떤 기업 형태가 더 좋고 어떤 기업 형태가 더 나쁘다고 할 수 없으며, 형태마다 장단점이 있다.

합작투자형은 연구소기업(C)의 경영권을 B회사에서 가지기 때문에 연구소기업(C)이 기존 기업(B)의 자회사와 같은 형태가 된다.

기존기업출자형은 회사 자체를 일반기업에서 연구소기업으로 전환하게 된다. '기존기업전환형'이라고도 한다. 이 형태는 기업 자체가 연구소기업으로 전환되는 것이므로 자본금이 지나치게 높게 산정될 경우 연구소기업을 만들기가 쉽지 않다. 따라서 연구소기업의 조건인 기술출자 20퍼센트 이상 조건을 맞추기 위해 신중하게 접근해야 한다.

신규창업형은 창업자의 자본이 투입된다는 점에서 창업자의 통 큰 결단이 필요하다. 기술의 가치 및 사업화에 대한 확신이 없으면 창업이 어렵다. 좋은 아이템이 확정되면 벤처캐피털vc로부터 투자를 받기가 유리하다.

연구소기업, 어떤 방식으로 설립하나?
- 연구소기업 설립 절차

연구소기업 설립 절차는 일반기업 설립 절차에 약간의 내용이 추가된다. 그 내용을 자세히 살펴보도록 하겠다.

첫째, 연구소기업은 특구 내에 설립해야 한다. 연구개발특구는 연구개발특구진흥재단에서 관장하며, 지역별(대덕, 광주, 대구, 부산, 전북)로 있다. 연구소기업은 사업장을 여러 개 둘 수 있지만 본점은 반드시 연구개발특구 내에 위치해야 한다. 각 특구의 위치를 잘 확인할 필요가 있는데, 가령 대덕특구라고 해서 대전 전 지역이 포함되지 않는 점을 유의해야 한다.

둘째, 연구소기업은 법인 설립 후 과학기술정보통신부 장관에게 연구소기업 등록을 해야 한다. 등록하기 전까지는 일반법인에 불과하다. 연구소기업 등록은 정해진 요건만 갖추면 등록이 되므로 실질적 심사 절차가 있는 허가許可라기보다는 인가認可에 가깝다고 보면 된다.

셋째, 연구소에서 기술을 출자해야 하며, 출자액이 총 자본금의 20퍼센트 이상이어야 한다. 연구소 출자액은 보통 20퍼센트인 경우가 많고 50퍼센트를 넘지 않는다. 50퍼센트를 넘으면 주식회사의 특성상 경영권을 가져가기 때문이다.

이외에는 일반법인 설립 절차와 같다고 보면 된다.

설립에 대한 개관을 살펴보면 다음과 같다.

첫째, 출자기술을 발굴하고 연구소기업으로 추진할 것을 결정해야 한다. 또한 어떤 형태의 연구소기업으로 진행할 것인지도 결정해야 한다.

둘째, 출자기술을 확정하여 출자기술이 얼마만큼의 가치가 있는지를 평가해야 한다. 이를 기술가치평가라고 하며, 이것으로 기술가치평가액(출자액)을 확정한다.

셋째, 연구소와 공동으로 출자할 기업을 발굴해야 한다. 그런 다음 발굴한 기업과 협의를 통해 출자비율을 조정한 후 법인을 설립한다.

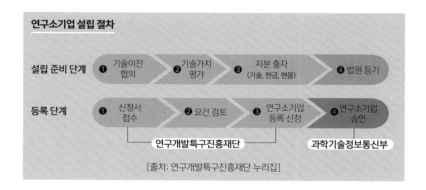

[출처: 연구개발특구진흥재단 누리집]

법인 설립 후에는 연구소기업 등록을 하고 정식으로 연구소기업으로 출범하게 된다.

연구소기업 설립 절차는 일반법인 설립 절차에 연구소기업 등록을 더한 것이지만, 법인 설립 시작 단계부터 위에서 명시한 여러 사항을 사전에 조율해야 한다.

필자는 연구소기업을 준비하면서 주무기관인 연구개발특구진흥재단의 도움을 많이 받았다. 연구개발특구진흥재단에서는 기획부터 마케팅까지 단계별로 연구소기업 설립에 많은 지원을 하고 있다.

연구소기업 설립에 대한 컨설팅 서비스를 비롯해 기술가치평가 지원 및 사업화를 위한 비용 지원R&BD도 하고 있으므로 이러한 혜택을 충분히 이용할 필요가 있다. 컨설팅 서비스와 기술가치평가는 연구개발특구진흥재단에서 연구소기업 창업을 위하여 제공하는 인센티브와 같은 것이므로 반드시 활용하는 것이 좋다.

연구소기업, 왜 하려고 하는 걸까?
- 연구소기업만의 차별화된 혜택

2012년에 ㈜세이프텍리서치가 제33호 연구소기업으로 설립되었고, 2018년 초 ㈜케이오프쇼어가 제599호 연구소기업으로 설립되었다. 6년 사이에 약 560개의 연구소기업이 새로 생겨난 셈이다. 가히 폭발적이라 할 수 있다. 연구소기업이 이렇게 늘어난 이유는 크게 4가지로 설명할 수 있다.

첫째, 연구소기업은 연구소의 기술출자를 전제로 하므로 연구소의 우수한 기술을 유치할 수 있다. 연구소기업을 만들기 위해서는 결국 연구소와 협상하여 우수 기술을 사업화하기 위한 합의가 필요하다. 이를 위해 연구소와 창업자는 다음의 사항을 검토해야 한다.

1. 활용 기술의 선정
2. 기술에 대한 검증 작업
3. 기술을 활용한 사업화 모델 구축
4. 사업화 모델의 시장성과 경제성, 파급력 분석

기업 출범 후에도 연구소의 우수한 연구 인력의 지원을 받을 수 있다. 또한 추가 과제나 후속 사업에 공동출자(연구소-기술, 기업-자본)라는 매개체를 통해 먼저 연구사업을 배정 받고 용역 수행 등의 수많은 기회를 가질 수 있다.

둘째, 연구소기업이라는 그 자체로서 갖는 장점이다. 연구소기업이라고 하면 대외적으로 공인된 연구소가 출자를 했다는 점 때문에 신인도나 대외 평가에서 보이지 않는 혜택을 누릴 수 있다. 특히 연구개발과제 혹은 용역 선정 시 매우 유리하며, 금융지원이나 투자유치 때에도 더 좋은 조건에서 협상할 수 있다. 게다가 각 출자기관(연구소나 대학)은 연구소기업을 우대하는 각종 제도를 갖추고 있다.

연구소기업 설립 혜택

국세	지방세	
법인세	재산세	취득세, 등록세
3년간 100%, 이후 2년간 50% 감면	7년간 100%, 이후 3년간 50% 감면	면제
※ 지방세 중 취득세와 관련된 감면은 특구별 시세·도세·구세 감면 조례에 따라 상이함		
[출처: 연구개발특구진흥재단 누리집]		

셋째는 세제 혜택이다. 연구소기업 설립 시 세제 혜택이 주어진다. 법인세는 3년간 100퍼센트 감면되고, 이후 2년간은 50퍼센트 감면된다. 재산세는 7년간 100퍼센트, 이후 3년간은 50퍼센트 감면되며 취득세, 등록세는 면제된다. 이러한 엄청난 혜택 때문에 많은 기업이 연구소기업으로 전환하거나 새로운 연구소기업이 설립되고 있다.

넷째는 연구소기업 사업화 지원사업이다. 연구소기업은 연구개발특구진흥재단에서 발주하는 연구소기업 사업화 지원사업(R&BD사업)을 수행할 수 있다. 2년간 최대 6억 원까지 지원 받을 수 있는데, 이런 것도 연구소기업을 활성화하는 주요 원인으로 작용하고 있다.

연구소기업 R&BD사업

연구소기업의 안정적 성장을 위해 상용화 기술개발 및 시제품 제작 등 사업화 R&BD 과제를 지원(2년간 최대 6억 원 이내)하는 사업이다. 자세한 사항은 연구개발특구진흥재단 사업공고를 확인하면 된다.

연구소기업 R&BD사업은 연구소기업에서 기술을 활용하여 제품을 생산할 수 있도록 지원하는 사업이다. 가령 '혈액응고 방지제'를 만드는 기술로 연구소기업을 만들었다면 이러한 '방지제' 제품을 생산하기까지 필요한 자금을 지원한다.

연구소기업 설립 시 '연구소기업 R&BD사업'을 반드시 수행해야 한다. 최근 경쟁률이 매우 높아지고 있으므로 사업 초기부터 매년 지원(응모)하도록 하자.

해미래 연구소기업, 세상에 발을 딛다
- 연구소기업 ㈜케이오프쇼어 출범기

　필자는 2017년부터 2018년까지 심해용 자율무인잠수정인 '해미래' 연구소기업을 설립하는 일에 직접 참여했다. ㈜케이오씨와 연구소가 손을 잡고 '해미래' 활용 활성화를 위하여 연구소기업을 추진하였다.

　연구소기업 ㈜케이오프쇼어를 설립하기까지 정말 많은 일이 있었다. 이러한 과정을 한정된 지면에 모두 적기는 어렵지만, 연구소기업 실무자로서 연구소기업을 추진하며 느꼈던 점을 설명하도록 하겠다.

1. 연구소기업은 왜 만들게 되었는가?

　국가연구개발사업으로 심해용 자율무인잠수정(정확한 명칭은 '해미래') 개발을 추진하였고, 이러한 연구결과물로 탄생한 것이 세계 4번째로 6,000미터급으로 개발한 심해용 자율무인잠수정 '해미래'이다. 해미래는 개발 이후 태평양 탐사 및 다수의 심해 탐사에 이용되었으며 주로 연구 목적으로 사용되었다. 이후 활용 실적이 저조하다는 언론의 지적이 있었고, 대책을 고심하던 중 해미래를 전문적으로 활용할 수 있는 연구소기업을 만들자는 의견이 모아졌다.

2. 연구소기업에 참여할 회사를 공모하다

심해용 자율무인잠수정 해미래는 국가연구개발사업 곧 국가 예산으로 개발하였으므로 이를 활용할 기업을 지정하여 설립할 수는 없었다. 특정 기업에 특혜를 주기 때문이었다.

앞에서 설명한 바와 같이 연구개발 참여기업이 아닐 경우 우선 사용권이 없어 기술을 공개하여 누구나 사용할 수 있게끔 기회가 보장되어야 한다. 이러한 이유로 공모 절차를 진행하였다.

참여를 희망하는 기업을 대상으로 연구소기업 창업을 위한 설명회를 개최하였으며, 7개의 기업이 설명회에 참여하였다. 사업신청서를 받아 선정평가위원회를 통해 해양플랜트 전문기업인 ㈜케이오씨를 우선협상 대상자로 선정하였다.

3. 연구소 출자기술에 대한 기술가치평가를 받다

연구소기업은 연구소가 지분의 20퍼센트 이상을 출자해야 하고 출자는 기술출자 형태로 이루어진다. 출자기술의 평가액이 너무 커지면 자본을 출자해야 하는 기업의 부담이 커진다. 기술출자평가액이 기업에서 부담할 수 있는 현금출자액에 상응하도록 하는 것이 중요하다.

기술가치평가 시 지분 관련 고려 사항

기술가치평가를 통한 기술출자액이 10억 원이고 연구소의 지분이 20%라면 기업의 지분이 80%가 되고 기업에서 납입해야 할 자본금이 40억 원이 된다. 기업의 자금 여력이 충분하다면 모르겠지만 대부분의 창업기업이 중소기업이고 많은 출자를 할 수 없는 경우가 대부분이다. 따라서 기술출자액이 너무 과하지 않게 산정되도록 기술출자 규모를 정해야 한다.
기술가치평가 대상 기술을 제외한 기술은 연구소기업 설립 후 기술이전 형태로 계약을 맺으면 된다.

출자기술이 정해지면 공인된 기관의 기술가치평가를 받아야 한다. 기술가치평가를 수행하는 기관은 아주 많다. 하지만 수천만 원 이상의 비용이 발생하므로 연구개발특구진흥재단에서 지원하는 기술가치 평가프로그램을 이용할 것을 권한다. 이곳에서는 무료로 기술가치평가를 지원해준다.

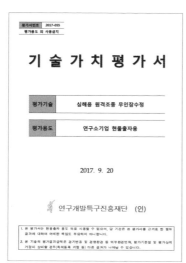

평가서번호 2017-055
평가용도 외 사용금지

기 술 가 치 평 가 서

| 평가기술 | 심해용 원격조종 무인잠수정 |
| 평가용도 | 연구소기업 현물출자용 |

2017. 9. 20

연구개발특구진흥재단 (인)

1. 본 평가서는 현물출자 용도 외로 사용될 수 없으며, 당 기관은 본 평가서를 근거로 한 행위 결과에 대하여 어떠한 책임도 부담하지 아니합니다.

2. 본 기술의 평가금액은 경기변동 및 경영환경 등 외부환경변화, 평가기준일 및 평가상의 가정이 상이할 경우나(특허등록 거절 등) 다른 금액이 나타날 수 있습니다.

해미래 핵심특허 3건에 대한
기술가치평가서

해미래도 연구개발특구진흥재단의 기술가치 평가프로그램을 활용하였다. 평가대상기술은 해미래의 핵심특허 3건이었다. 기술가치평가단이 구성되고 연구소를 방문하여 현장 실사를 하였으며, 이를 바탕으로 기술가치평가액이 확정되었다.

4. 연구소기업 추진에 관한 MOU를 체결하다

공모 절차를 통한 우선협상대상기업이 선정되고 기술가치평가가 진행되는 도중에 연구소기업 설립을 위한 MOU를 체결하였다. 연구소와 우선협상대상자인 ㈜케이오씨가 연구소기업이 성공적으로 출범할 수 있도록 최선의 노력을 다하자는 취지로 이루어진 행사였다. 해당 관계자들이 연구소에 모여 결의를 다졌다.

5. 법인을 설립하다

연구소기업 설립에 대한 이사회의 승인 후 법인 설립을 추진하였다. 법인 설립은 법원에서 관장하기에 관련 전문 법무사를 추천 받아 진행하였다. 필요한 서류가 아주 많으므로 잘 챙겨야 한다. 법인 설립 역시 허가

許可가 아닌 인가認可 개념이 강하므로 특별한 문제가 없다면 무난히 승인
된다.

참고로 연구소기업 추진을 위해 필요한 정보는 관련 컨설팅 회사의 도
움을 받았다. 이 회사는 연구개발특구진흥재단의 용역을 받아 컨설팅을
제공한다. 연구소기업에 대한 추진 계획이 있다면 연구개발특구진흥재
단에 연락해 컨설팅 회사의 지원을 받는 것이 절대적으로 필요하다.

6. 연구소기업을 등록하다

법인설립 인가 후 바로 정부(과학
기술정보통신부)에 연구소기업 등록
을 신청하였다. 신청 등의 제반 절
차는 연구개발특구진흥재단에서
정부의 위임을 받아 진행한다.

등록증을 받았을 때의 감격이란
이루 말할 수 없었다. 지난 1년의 세
월이 주마등처럼 눈앞을 스쳐 가는
것 같았다.

연구소기업 등록증

7. 연구소기업 개소식 개최

연구소기업 등록증이 나오는 시점에 연구소기업 개소식을 개최하였
다. 시작부터 설립까지 딱 1년이 걸렸다. 지금은 연구소기업 출범 초기라

심해 무인잠수정 '해미래' 상용화 … 연구소기업 개소식

해양수산부는 심해 무인잠수정인 '해미래'의 상용화를 위해 연구소기업 '㈜ 케이오프쇼어K-OFFSHORE'를 설립하고, 10일 대전 선박해양플랜트연구소에서 개소식을 갖는다고 밝혔다.

2007년 6000m급 심해 무인잠수정으로 개발된 '해미래'는 그동안 태평양 마리아나 해저화산 탐사활동과 천안함격침사건 조사 지원 등에 투입돼 성능을 인정받았다. 우리나라는 미국, 프랑스, 일본에 이어 세계 4번째로 심해 무인잠수정 보유 국가다.

_기사 요약발췌

서 눈에 띄는 성과는 없지만, 향후 창업기업이라면 누구나 겪는 '죽음의 계곡Death Valley'이나 '다윈의 바다Darwinian Sea'를 넘어 훌륭한 기업으로 발돋움하기를 기원한다.

연구소기업, 하다 보니 이걸 느꼈다!
- 연구소기업 창업 시 고려할 점

   지금까지 연구소기업 설립 절차를 간략하게 살펴보았다. 연구소기업을 기획부터 설립까지 진행하며 느끼고 깨달은 바가 많다. 담당자로서 도움이 될 만한 정보를 요약하자면 다음과 같다.

   첫째, 사업 아이템을 잘 정해야 한다. 곧 연구소기업 설립 시 사업성이 충분한 기술로 승부해야 한다. 또한 기술이전보다 창업이 낫다는 이유가 명확해야 한다. 창업보다 기술이전이 더 좋다면 연구소기업을 만들기보다는 기술이전으로 추진하기를 권한다.

   둘째, 공정성 확보가 필요하다. 가령 공모 절차나 기술설명회를 가져서 누구나 연구소기업 설립에 참여할 기회를 공평히 갖도록 해야 한다. 특정 기업을 대상으로 지정하여(마치 수의계약 식으로) 공정성을 훼손하는 일이 있어서는 안 된다.

셋째, 출자 규모를 적절히 조정해야 한다. 기술가치평가는 출자 규모와 상응할 수 있도록 알맞게 확정해야 한다. 기술가치평가액이 과다하면 기업의 출자액이 늘어나 연구소기업을 만들지 못하거나, 기술가치평가를 다시 해야 하는 일이 발생할 수 있다.

넷째, 일정 진행에 관한 사항이다. 연구소기업 설립에는 많은 시간이 소요된다. 설립일자를 미리 정해놓고 업무를 진행해도 여러 가지 이유로 절차가 계속 늦어진다. 이런 점을 고려하여 동시에 할 수 있는 것들은 패스트트랙(신속처리안건)Fast Track 형태로 진행하는 것이 좋다. 미리미리 다음 절차를 준비해놓는 것도 시간을 절약하는 길이다.

다섯째, 연구개발특구진흥재단을 잘 활용해야 한다. 기업 설립과 관련한 컨설팅, 기술가치평가, 기업 설립 후 사업화 과제 수주 등 연구개발특구진흥재단에는 단계별 지원 프로그램이 많이 있다. 개인적으로 연구소기업 컨설팅 서비스와 기술가치평가에서 많은 도움을 받았다.

여섯째, 기술개발자(연구자)와의 관계 유지가 중요하다. 기술을 직접 개발한 연구자와 관계를 잘 유지해야 한다. 연구자가 협조하지 않으면 연구소기업 추진에 상당한 애로 사항이 발생한다. 특히 출자기술에 대한 교육이나 전수가 필요하다면 연구자의 협조가 절대적으로 필요하다.

일곱째, 기술출자 시 회계처리에 유의해야 한다. 회계처리와 관련하여 실무자들이 간과하는 것이 있다. 연구소기업 기술출자에 대한 반대급부로 주식을 취득하는 경우, 이를 세법상으로는 기술이전을 하고 기술료를 받는 것과 동일하게 본다. 따라서 기술출자액 상당액에 대하여 세금계산

기술이전 추적관리, 창업도 적용된다!

제5장에서 이미 '기술이전 추적관리'의 중요성을 언급했다. 추적관리는 연구소기업 창업도 똑같이 적용되어야 한다. 연구소도 기업을 만든 것에 의의를 두지 말고 연구소기업이 성공적으로 안착할 수 있도록 최대한 협조해야 한다. 가령 공동연구를 수행하거나 장비 공동활용, 연구소기업 매출 증대를 위한 각종 사업에 적극적으로 참여할 필요가 있다. 또한 연구소기업 기술지도 및 BM(비즈니스 모델) 등 각종 조언을 아끼지 말아야 한다. 기업만 만들어놓고 손을 놓고 있는 것은 연구소나 기업, 국가의 측면에서 봤을 때 결코 바람직하지 못하다.

서를 발행해야 한다(기술출자액에 대한 부가가치세를 납부해야 한다). 세금계산서 미발행으로 부가가치세 납부가 되지 않으면 가산세를 추징당할 수 있으므로 각별히 유념해야 한다.

마지막으로 연구소기업을 추진하며 아쉬웠던 점이 있다. 바로 출자 기술을 개발한 연구자에 대한 배려이다.

기술이전은 기술료 수령 시 연구자에게 인센티브를 제공할 수 있지만, 기술출자는 연구소가 출자지분을 얻더라도 당장 손에 쥐는 것이 없다. 연구소기업에서 이익이 발생해도 배당보다는 기업 안정화를 위한 재투자 비용으로 사용하기에 연구자에게 돌아갈 몫이 없다. ㈜콜마비앤에이치처럼 상장하면 이익을 얻을 수 있지만, 상장이 말처럼 쉬운 것이 아니다. 그런데도 ㈜콜마비앤에치는 많은 가능성을 보여주었다. 기업의 가치가 올라가 큰 결실을 이룬 연구자들이 주변에도 많이 나왔으면 하는 것이 간절한 바람이다.

기술사업화에 성공하려면
무엇을 해야 할까?

오늘날 경제 환경의 변화와 4차 산업혁명으로 일컬어지는 인공지능AI, 빅데이터, 사물인터넷IoT, 클라우드, 모바일, 가상화폐 등 IT를 기반으로 한 새로운 패러다임의 물결이 우리 생활 곳곳에 침투하고 있다. 이러한 기류 속에서 '기술사업화'는 더욱더 중요한 논제issue로 부각되고 있다. 기술사업화도 결국은 현 상황 안에서 상호 간 연결고리에 의해 복잡하게 얽혀 있는 것이기 때문이다.

기술사업화의 방식도 기존의 특허를 라이선싱 하는 수준에서 벗어나 다양한 형태가 출현하고 있다. 가령 한 분야에 대한 특허를 전방위적으로 출원하여 '특허 포트폴리오'를 구성한 뒤 이를 마치 자산처럼 운용하기도 하고, 자금조달Financing 을 할 때 특허를 담보로 제공(질권을 설정하는 것. '입질한다'고 한다)해 대출을 받기도 한다. 요즘에는 특허를 주식 인덱스처럼 사고파는 시장까지 생겨났다.

이처럼 지식재산권을 소유하고 거래하려는 다양한 시도가 이루어지고 있다. 앞으로 기술사업화, 기술이전, 기술창업은 지금까지와는 또 다른 방식으로 진행될 것이다. 우리는 이에 적극적으로 대비해야 한다.

기술사업화 성공을 위해서는 강한 IP(지식재산권) 확보가 필수적이다.

특히 강력한 특허 창출을 위해서 탄탄한 '특허 포트폴리오' 구축이 필요하다. 특허가 빈약하게 설계되면 기술 경쟁자에게 기술을 노출하게 된다. 이 경우 특허로서 기능을 전혀 하지 못하는 상황에 부닥칠 수도 있다.

특허등록이 거절되면 특허명세서에 게시된 정보는 경쟁업체에 문제를 해결하는 방법을 정확히 알려준다. 특허로서 아무런 보호도 받지 못하는 상태에서 비용을 들여 경쟁자를 교육해주는 꼴이다. 따라서 특허출원 단계부터 세심한 주의를 기울여야 한다는 점을 잊지 말자.

최대한 알기 쉽고 재미있게 써야 한다는 압박감!

이것이 이 책을 쓰는 동안 가장 큰 '걸림돌'이었다. 아쉬운 부분도 있었다. 하지만 무엇보다 실제 업무를 수행하면서 느꼈던 실무자로서의 경험과 의견을 정리해서 담았다는 것은 이 책만의 차별점이라고 할 수 있다.

이참에 다른 분야에 대해서도 '괴로운' 작업을 할 계획임을 미리 밝혀둔다. 바로 상표, 저작권 그리고 기술보호에 대한 것이다. 이런 분야의 책도 반드시 필요하다고 생각하기 때문이다.

끝으로 서문의 글을 반복하며 글을 맺고자 한다.

> 기술사업화는 전문 영역에 속하는 분야이다. 하지만 그 원리를 알고 약간의(?) 경험만 쌓을 수 있다면 그다지 어려울 게 없는 분야이기도 하다. 그런데도 아직까지 많은 사람들이 기술사업화에 대해서는 어렵다는 인식을 갖고 있다. 바로 이 점이 이 책을 쓰게 된 결정적 이유이다.

참고문헌

권재열 지음.『기술이전 사업화 촉진법』. 신론사, 2012.

박검진 지음.『기술이전 특론』. 법문사, 2018.

박종복 지음.『출연연의 기술이전 및 사업화 촉진을 위한 플랫폼 구축방안』. 산업연 구원, 2015.

박현우 외 지음.『기술사업화의 이론과 사례』. 한국기업기술가치평가협회, 2017.

사메지마 마사히로 외 지음.『기술전쟁에서 이기는 법』. 한국경제신문, 2018.

손수현 외 지음.『R&D생산성 향상을 위한 기술사업화』. 한국외국어대학교, 2017.

신무연 지음.『특허는 전략이다』. 지식공방, 2017.

윤선희 외 지음.『기술이전계약론』. 법문사, 2013.

이동기 지음.『스타트업을 위한 특허비지니스』. 라온북, 2018.

이영세 지음.『한국에서의 기술이전과 정보의 역할』. 세계경제연구원, 2001.

장진규 지음.『우리회사 특허관리』. 클라우드북스, 2017.

조중일 지음.『기술사업화가 답이다』. 조이럭북스, 2017.

특허청.『2018년 지식재산백서』. 2019.

한국특허전략개발원.『대학·공공연 지식재산 창출·관리·활용 전략매뉴얼』. 2017.

한규남.『특허에서 혁신을 꺼내자』. 북랩, 2018.

허재관 외 지음.『기술이전 사업화 A에서 Z까지』. 전략기술경영연구원, 2017.

허재관 지음.『기술이전 전략 실무양식 매뉴얼』. 지적재산자료연구원, 2006.

허주일 지음.『나는 특허로 평생 월급 받는다』. 부키, 2015.

Donald S. Rimai 지음.『특허공학』. 한티미디어, 2018.

Patrick H. Sullivan.『Profiting from Intellectual Capital: Extracting Value from InnovationJohn』. Wiley & Sons, 2001.